南水北调中线工程
不良地质渠段风险评估

司富安　鞠占斌　李坤 等　编著

中国水利水电出版社
www.waterpub.com.cn
·北京·

内 容 提 要

膨胀岩（土）、湿陷性黄土、饱和砂土、高地下水位、煤矿采空区等不良地质渠段的风险评估结果，是南水北调中线工程运行、管理的重要决策依据之一。本书分析了南水北调中线一期工程总干渠不良地质渠段的基本情况及处理措施，阐述了风险评估的主要工作程序和技术方法，梳理和总结了总干渠不良地质渠段风险评估成果。全书共7章，包括绪论、风险评估工作基础、风险评估单元、风险因子识别、风险等级划分标准、风险分析及评价、风险防控措施，内容丰富，实用性强。

本书可供大、中型工程风险评估人员参考，也可供科研院所相关人员阅读。

图书在版编目（CIP）数据

南水北调中线工程不良地质渠段风险评估 / 司富安等编著. -- 北京 : 中国水利水电出版社, 2020.12
ISBN 978-7-5170-9374-9

Ⅰ. ①南… Ⅱ. ①司… Ⅲ. ①南水北调－水利工程－风险评价－研究 Ⅳ. ①TV68

中国版本图书馆CIP数据核字(2021)第034922号

书　名	**南水北调中线工程不良地质渠段风险评估** NANSHUIBEIDIAO ZHONGXIAN GONGCHENG BULIANG DIZHI QUDUAN FENGXIAN PINGGU
作　者	司富安　鞠占斌　李坤　等 编著
出版发行	中国水利水电出版社 （北京市海淀区玉渊潭南路1号D座　100038） 网址：www.waterpub.com.cn E-mail：sales@waterpub.com.cn 电话：(010) 68367658（营销中心）
经　售	北京科水图书销售中心（零售） 电话：(010) 88383994、63202643、68545874 全国各地新华书店和相关出版物销售网点
排　版	中国水利水电出版社微机排版中心
印　刷	北京瑞斯通印务发展有限公司
规　格	184mm×260mm　16开本　10.5印张　256千字
版　次	2020年12月第1版　2020年12月第1次印刷
印　数	001—800册
定　价	**80.00**元

序

南水北调中线工程是世界上规模最大的跨流域调水工程，举世瞩目。自1952年毛泽东提出南水北调的伟大构想以来，南水北调中线工程历经六十余载的规划、论证及勘察、设计、施工，于2015年12月正式建成通水。目前，工程正源源不断地向北京、天津、河北及河南输送清洁、优质的生活及工农业用水，对实现我国水资源优化配置、促进经济社会可持续发展、保障和改善民生具有十分重大的作用，是造福当代、泽被后人的民生工程和民心工程。据不完全统计，南水北调中线一期工程总干渠全长1432.493km，其中涉及膨胀岩（土）的渠段长349.351km，黄土状土渠段长401.824km，地震液化渠段48.884km，煤矿采空区3.11km，这些不良地质条件与高地下水位、深挖方等因素相互叠加、相互交织，构成了总干渠复杂多变的工程地质条件。不良地质渠段的工程处理措施是否安全、可靠，运行期间是否存在及存在什么风险隐患，工程长期运行期间需要采取什么防控措施，都是社会各界对南水北调中线工程的重大关切，并引起工程运行管理部门的高度重视。

本书作者团队长期从事南水北调中线工程的地质勘察、设计及重大课题研究工作，对国内外其他大型调水工程也很熟悉，工程经验丰富。他们受南水北调工程设计管理中心委托承担了南水北调中线一期工程总干渠不良地质渠段风险评估的专题研究工作。通过收集前期勘察设计和施工资料，现场调研工程初期运行情况，研究制定风险等级划分标准，采用定性与定量相结合的方法，对南水北调中线一期总干渠全部682个不良地质渠段逐一进行了风险评估，确定了风险等级，提出了防控措施。评估成果获得了全国知名水利专家的认可。

据了解，我国的风险评估与管理研究起步于20世纪90年代，主要是引进、吸收美国等西方国家的研究成果与经验。水利工程风险评估与管理研究起步更晚，且大多集中在施工导流风险分析和方案优化决策、大坝防洪调度风险分析与防洪安全评估、河道堤防行洪风险分析和设防标准确定等方面。本书作者团队从工程地质的专业角度对已经建成的水利水电工程本身进行风险评估，查找工程本身存在的风险，在国内水利系统尚属首次，没有规程规范可依，因此这项工作具有一定的示范与引领意义。

本书是上述专题研究成果的总结，内容丰富、完整，既有工程风险评估的基础理论介绍，也有对南水北调中线一期工程基本地质背景及不良地质体分布特征、处理措施的归纳与总结，以及对总干渠不良地质渠段风险因子识别、风险等级划分标准、风险评估成果及防控措施研究等的详细论述，内容涵盖了工程风险评估的全过程，具有很强的实用性。目前市面上类似的出版物还不多，相信本书的出版，有助于推动水利水电工程风险评估工作，对其他行业的工程风险评估也有借鉴作用。

全国工程勘察大师

中国成套工程有限公司董事长

2020年8月

前　言

南水北调中线一期工程总干渠全长1432.493km，渠道设计引水流量350m^3/s，是一项跨流域、大流量、长距离的特大型调水工程，为当今世界之最。总干渠沿线跨越秦祁褶皱系和华北准地台两个一级构造单元及多个新构造活动区，从南向北经过湿润、半湿润和半干旱气候区，地理环境和气象条件迥异，地质环境复杂多变，从而决定了总干渠复杂的水文地质、工程地质条件。沿线分布大量的膨胀岩（土）、湿陷性黄土、高地震烈度区饱和砂土液化、煤矿采空区等不良地质体，与超大型渠道的深挖方、高地下水位互相叠加、相互影响，构成了总干渠特有的重大工程地质问题，其对南水北调中线一期工程总干渠安全运行的影响及工程可能存在的风险一直受到有关单位和专家的关注和重视。为此，南水北调工程设计管理中心委托水利部水利水电规划设计总院开展南水北调中线一期工程总干渠不良地质渠段的风险评估工作，工作范围包括膨胀岩（土）、湿陷性黄土、高地震烈度区饱和砂土液化、高地下水位、煤矿采空区及挖深超过15m的深挖方渠段，目的是对风险因子进行识别和梳理，分析各种影响工程安全运行事件发生的可能性以及可能造成的损失。通过风险评估、确定风险等级，提出消除、防范、规避、减免风险的工程与非工程措施建议，为制定南水北调中线一期工程总干渠安全运行调度预案及风险处置管理措施等提供技术支撑。

水利工程风险评估工作起步较晚。2000年在北京召开的国际大坝会议，首次将大坝风险管理作为专题进行讨论。2003年，国际大坝委员会发布了《大坝安全管理中的风险评价》。2013年，国家颁布了《大中型水电工程建设风险管理规范》（GB/T 50927—2013）。目前，有关单位正在编写《水库大坝风险评估导则》和《水库大坝风险等级划分标准》（报批稿）。大型水利工程，特别是长距离、跨流域调水工程的风险评估没有先例，更无成熟经验，无论是评估单元划分、风险因子识别，还是风险等级划分等都是探索和尝试，存在不少需要完善、改进的地方。

本书是上述风险评估成果的进一步完善、总结、提炼以及在南水北调中线工程的应用分析，主要反映南水北调中线一期工程总干渠不良地质渠段的基本情况及处理措施、风险评估的主要工作程序和技术方法，限于篇幅略去了每一个不良地质渠段的风险评估结果。本书共7章，第1章绪论，由李松磊负责编写；第2章风险评估工作基础，由李坤负责编写；第3章风险评估单元，由司富安、李坤负责编写；第4章风险因子识别，由司富安、张小宝负责编写；第5章风险等级划分标准，由司富安、李松磊、李坤负责编写；第6章风险分析及评价，由鞠占斌、张小宝负责编写；第7章风险防控措施，由鞠占斌、张小宝负责编写。全书各章初稿完成后，由司富安完成统稿。

在进行南水北调中线不良地质渠段风险评估过程中，利用了长江勘测规划设计研究有限责任公司、河南省水利勘测设计研究有限公司、河南省水利勘测有限公司、河北省水利水电勘测设计研究院、河北省水利水电第二勘测设计研究院等单位大量的前期勘察设计成果及专题（专项）研究成果。南水北调工程设计管理中心、南水北调中线干线工程建设管理局及其下属的管理处提供了施工期及运行期大量的相关资料，并为风险评估工作给予了大力支持和无私帮助。在本书编写过程中得到了水利部水利水电规划设计总院沈凤生院长的大力支持与鼓励。在此一并表示感谢！

本书是对我们从事南水北调中线一期工程总干渠不良地质渠段风险评估工作的总结，希望本书的出版能为其他水利水电工程的风险评估提供有益帮助和参考。限于作者水平，书中的不足或错误，敬请读者批评指正。

作者

2020年4月22日

目　　录

第1章

绪论

1.1 工程概述

南水北调中线干线工程是国家南水北调工程的重要组成部分，是缓解我国黄淮海平原水资源严重短缺、优化配置水资源的重大战略性基础设施，是关系到受水区河南、河北、天津、北京等省（直辖市）经济社会可持续发展和子孙后代福祉的百年大计。工程的任务是缓解受水区城市与农业、生态用水的矛盾，将城市部分挤占的农业和生态用水归还于农业与生态，基本控制大量超采地下水、过度利用地表水的严峻形势，遏制生态环境持续恶化的趋势，促进该地区经济社会可持续发展。主要供水范围包括北京市，天津市，河北省的邯郸、邢台、石家庄、保定、衡水、廊坊6个省辖市及14个县级市和65个县城，河南省的南阳、平顶山、漯河、周口、许昌、郑州、焦作、新乡、鹤壁、安阳、濮阳11个省辖市及7个县级市和25个县城。

南水北调中线一期工程水源地为加高后的丹江口水库。输水总干渠从陶岔渠首闸引水，沿唐白河平原北部及黄淮海平原西部布置，经伏牛山南麓山前岗垅与平原相间的地带，再沿太行山东麓山前平原及京广铁路西侧的条形地带北上，跨越长江、淮河、黄河、海河四大流域，沿线经过河南、河北、北京、天津四省（直辖市）。

南水北调中线一期工程总干渠全长1432.493km，其中陶岔渠首至北京团城湖全长1277.208km，天津干线从西黑山分水闸至天津外环河全长155.285km。陶岔渠首至北拒马河段采用明渠输水方式，北京段采用管涵加压输水方式，天津干渠采用明渠与箱涵相结合的无压接有压输水方式。总干渠渠首设计水位147.38m，北京末端的水位为48.57m，天然总水头98.81m。多年平均年调出水量95亿m^3。陶岔渠首设计流量为350m^3/s，加大流量为420m^3/s。

总干渠为Ⅰ等工程，渠道及其交叉建筑物的主要建筑物为1级建筑物，次要建筑物为3级建筑物。穿越流域面积大于20km^2河道的交叉建筑物的设计洪水标准按100年一遇洪水设计，300年一遇洪水校核；穿越流域面积小于20km^2河道的左岸排水建筑物的设计洪水标准按50年一遇洪水设计，200年一遇洪水校核；总干渠与各类河渠交叉、左岸排水建筑物连接渠段的防洪标准与相应的主体建筑物洪水标准一致；穿黄工程设计洪水标准为300年一遇，校核洪水标准为1000年一遇。沿线布置各类建筑物2385座，包括：输水建筑物159座，其中渡槽27座、倒虹吸102座、暗渠17座、隧洞12座、泵站1座；穿越总干渠的河渠交叉建筑物31座；左岸排水476座；渠渠交叉建筑物128座；控制建筑物303

座；铁路交叉建筑物51座；公路交叉建筑物1237座。

南水北调中线工程的构思和前期研究工作始于20世纪50年代初，许多科研设计单位投入了大量人力、物力对方案和重大技术问题进行了多方案分析论证，2002年12月，国务院批准了《南水北调工程总体规划》。2003年12月，京石段应急供水工程开工建设，标志着南水北调中线工程正式开工。2011年4月，黄河以南段开工建设，标志着中线干线主体工程全部开工。2013年6月，天津干线主体工程全线贯通，2013年12月，中线干线主体工程完工。2014年12月12日中线全线正式通水。截至2018年7月底，南水北调中线一期工程已平稳运行3年多，累计调水150.11亿m^3，其中河南省累计分水量56.26亿m^3，河北省累计分水量26.76亿m^3，天津市累计分水量29.92亿m^3，北京市累计分水量37.17亿m^3。

工程自通水运行以来，水质稳定达标，虽然局部也出现过渠道边坡裂缝或者失稳现象、填方渠堤坡脚淘刷或者浸泡失稳、开挖渠道外水漫顶入渠等问题，但均未导致渠道供水中断，工程运行总体安全平稳。

1.2 基本地质条件

1.2.1 地形与地貌

南水北调中线一期工程总干渠沿线地形总体呈西高东低、南高北低之势。渠线西部由南至北分布有伏牛山、箕山、嵩山和太行山脉，山顶高程一般为500.00～2000.00m。东南侧有唐白河平原，地面高程为120.00～147.00m，黄淮海平原一般高程为100.00m以下。天津干线跨越太行山东麓低山丘陵、倾斜平原和河北冲积平原，地面高程为1.50～6.50m。

总干渠从南向北横贯长江、淮河、黄河、海河四大水系，沿线地形地貌差异较大。在长江流域，总干渠总体上由西南向东北沿伏牛山南侧与南阳盆地东北边缘地带穿过，沿途地区与平原地区交替出现，地面高程一般在140.00～160.00m，个别地点可低至135.00m或高至180.00m。在淮河流域，总干渠过方城垭口江淮分水岭进入淮河流域后，渠线沿伏牛山、外方山、箕山及嵩山东部的低山丘陵和黄淮平原的过渡地带蜿蜒北上，沿途地貌为丘陵、岗地和河谷平原互相穿插分布。在黄河流域沿线地形总体上较平坦，总体上南高北低，高差达80余m，黄河南岸为邙山，渠线上最高处地面高程达190余m，黄河北岸为冲积平原，地势低洼平坦。在海河流域，总干渠主要位于太行山东麓浅山丘陵与平原交接地带，沿线多属山麓坡积和冲积、洪积地貌。局部山丘地段高程可达100～200m。

按地貌形态划分，总干渠陶岔—北京段主要穿越平原、岗地、丘陵、沙丘砂地四大类，干渠所在长度分别为661.357km、371.63km、225.73km、17.84km。天津干线主要穿越平原和丘陵两大类地貌单元，分别长153.819km和1.6km。

总干渠穿过的平原区主要有唐白河冲湖积平原，黄淮海冲洪积平原和山前倾斜平原。地面高程由唐白河平原147.00m降至海河平原北京团城湖46.00m、天津海河平原外环河地面高程为1.50m。

总干渠穿过的丘陵区主要有伏牛山南麓和太行山脉东麓，平面上则呈孤丘状。丘顶高程为100.00～400.00m，相对高差为50～250m。

总干渠穿过的岗地主要分布于陶岔—古运河段，是由古老或较古老的山前洪积扇与冲洪积倾斜平原被冲沟、河流切割而形成的垄岗地貌，一般由新近系软质碎屑岩及下、中更新统冲洪积含钙质结核（姜石）、铁锰质结核棕黄色粉质黏土、部分红色粉质黏土、黏土、泥砾等组成。

总干渠穿过的沙丘、砂地在桩号 SH180＋331～SH186＋002、HZ93＋047～HZ97＋047 间零星分布，在桩号 SH162＋039～SH180＋332 之间间断分布，其物质组成以细砂为主，另有粉砂、中砂和砂壤土。

1.2.2 地层岩性

据统计，南水北调中线一期工程总干渠岩石渠道总长 50.7km，其余绝大部分为土质渠道。总干渠、天津干线范围内有太古宇、元古宇变质岩地层，古生界、中生界、新生界及岩浆岩等均有出露。

1.2.2.1 太古宇

太华群，浅黄色花岗片麻岩和灰白色、浅灰色黑云母二长片麻岩，出露在河南鲁山坡一带。

阜平群南营组，以灰黑色黑云母斜长片麻岩为主，其次为斜长片麻岩、角闪片麻岩等，出露在北京房山镇和河北唐县至顺平县一带。

1.2.2.2 元古宇

古元古界秦岭群宽坪组（Pt_1k）为黄褐色角闪石英片岩、云母石英片岩，褐黄、灰白色云母石英片岩夹云母片岩及薄层石英脉，致密坚硬，片理发育，近地表风化破碎。分布于方城西八里沟村—垭口一带。

中元古界蓟县系雾迷山组（Pt_2w），中厚层含燧石团块（条带）白云岩及白云岩；铁岭组，中、上部为中—厚层白云岩，下部为薄层—厚层含燧石结核白云岩及白云质灰岩。主要分布在石家庄以北顺平县至涞水县的隧洞及进出口渠道段。

新元古界洛峪群（Pt_3Ly），浅肉红、灰白色中厚层石英砂岩，局部夹紫红色页岩，致密坚硬。主要分布在魏岗铺、高庄水库和澧河孤山一带。

下震旦统（Z_1），分布在白河右岸丰山一带，由大理岩、片岩组成，为古老变质岩层、呈单层或互层状分布，第四系松散覆盖层及新近系软质碎屑岩与之呈角度不整合接触。在沙河、鲁山一带主要为石英砂岩。

1.2.2.3 古生界

下寒武统（$\in_1$）为灰色中厚层灰岩，致密坚硬，出露于黄金河以南及府君庙河，渠底板未涉及该层。在宝丰一带，以页岩、灰岩及其互层为主。

下奥陶统冶理组（O_1y）为灰岩、白云质灰岩，在新乡潞王坟、河北易县西市村一带出露。

中奥陶统（O_2）为中厚层灰岩、白云质灰岩、白云岩，在陶岔渠首、辉县苏门山、河北易县西市村等地出露。

1.2.2.4 中生界

石炭系本溪群（C*b*），以砂岩、粉砂岩为主，含煤层、铝土质页岩（泥岩）和褐铁矿，分布在涞水县垒子村、北郭镇的局部渠段。

二叠系下统（P_1）泥岩，在焦作段出露。

二叠系上统石盒子组（P_3s）砂岩、泥岩，含煤系地层，主要出露在禹州长葛和河北永年等地。

1.2.2.5 新生界

总干渠沿线主要出露新近系，一般由具膨胀性黏土岩、砂质黏土岩、泥灰岩和胶结较差的软质碎屑岩（砂岩、砂砾岩、砾岩）等组成。不同区域，岩层分组和岩性存在差异。

陶岔—沙河南段，出露新近系洛阳组（N_1l），河湖相沉积，具多韵律构造，由棕褐色、黄色、灰绿色、灰白色黏土岩、砂质黏土岩、泥灰岩、泥质粉砂岩、砂岩、砂砾岩等互层或其中几种岩性组成，其中黏土岩、砂质黏土岩、泥灰岩具有膨胀性。在刁河、潦河、十二里河、东赵河右岸、草墩河右岸、彭河左岸（龟山）等地零星出露，于临河岗坡、马岗（东赵河与潘河分水岭）出露，沿线渠底板断续涉及该地层，长约26.72km。

沙河至黄河南段，出露新近系洛阳组（N_1l），河湖相沉积，岩性以灰绿色、棕红色、棕黄色、紫红色黏土岩为主，其次是砂岩、砾岩，部分为灰白色泥灰岩，具有中—强膨胀性。

黄河北至漳河南段，出露新近系潞王坟组（N_2l）、彰武组（N_1z）、鹤壁组（N_1h），为滨湖相、河湖相陆源碎屑沉积的黏土岩、泥灰岩，均具有膨胀性。潞王坟组（N_2l）主要分布于淇河南—万金干渠之间，彰武组（N_1z）和鹤壁组（N_1h）主要分布在安阳段。

漳河以北段，新近系由黏土岩、砂岩及砂砾岩透镜体组成，具有膨胀性。主要分布于磁县以北至邯郸以西的渠段，在高邑县南焦村至泲河一带有零星出露。

1.2.2.6 第四系

第四系沿线广泛出露，不同区域、不同时代的岩性差别较大，是南水北调中线一期渠道工程的主要地基持力层，也是构成膨胀（岩）土、湿陷性黄土和砂土液化等不良地质渠段的主要地层。

下更新统包括：①洪积粉质黏土、含钙质结核黏土；②坡洪积砾质黏土、壤土夹砾石层或砾质砂壤土；③冲洪积卵石、泥卵石；④泥石流堆积泥卵石、壤土；⑤湖相沉积黏土夹砂土透镜体；⑥冰水堆积泥砾、黏土，冰碛泥砾。

中更新统包括：①冲洪积粉质壤土、粉质黏土（古土壤层）、重粉质壤土，卵石、泥卵石，其中粉质黏土含钙质结核，局部富集成层，一般具弱—中膨胀性，局部具强膨胀性粉质黏土下面结核常富集成层；②坡洪积粉质黏土、重粉质壤土，含碎石；③风积壤土；④冰碛泥砾、砾石；⑤坡残积壤土、黏土、砂土、碎石土及含砾黏土透镜体。

上更新统包括：①冲湖积粉质黏土、重粉质壤土、轻砂壤土，局部夹淤泥质黏土、含泥砾、砂透镜体、含泥中细砂、砾砂；②冲积、冲洪积、洪积、坡洪积黄土状壤土、黄土状砂壤土、壤土夹粉质黏土、粉细砂和卵石透镜体，部分为泥卵石、卵石；③风积黄土状壤土、轻粉质壤土及砂壤土。

全新统包括淤泥质黏土、粉质壤土、粉质黏土、黄土状土、砂壤土、粉砂、细砂、中砂、砾砂、卵石等。

天津干线段地层主要为第四系地层，为坡洪积、坡残积、冲洪积、冲积、湖沼相沉积、海相沉积等成因交错形成的松散堆积物，并存在有黄土状土和软黏土两种特殊性土。由于地层沉积环境和成因类型、地层时代变化较大，空间分布不稳定，沿线地质情况非常复杂，物理力学性质各有不同，即使是同一岩性、同一沉积环境和同一沉积时代，在不同地貌单元中其物理力学性质差异也甚大。

此外，沿线还分布时代不明的岩浆岩，包括辉长岩、闪长岩、闪长玢岩、辉绿岩和煌斑岩脉。

1.2.3 地质构造及地震

南水北调中线一期工程跨越2个一级大地构造单元，即古生代—早中生代形成的秦祁褶皱系和太古宙—古元古代形成的华北准地台，东南部则为太古宙—中元古代形成的一级构造单元扬子准地台。

根据新构造运动分区，南水北调中线一期工程主要位于秦岭-大别山隆起区、豫皖隆起-坳陷区和华北断陷-隆起区。

秦岭-大别山隆起区，北以峦川-确山断裂为界，南以青峰断裂为界，属秦岭褶皱带。区内发育一系列NW向区域性大断裂，沿断裂带发育中生代以来的断陷盆地，新构造垂直差异运动塑造了强烈的地形差异，水平运动则相对较弱。总干渠主要位于次一级单元南襄坳陷中强沉降区，是燕山运动晚期形成的坳陷盆地，晚白垩世以来最大沉降厚度达5000m。盆地基底受NWW向、NE向等多组断裂切割、控制，进一步分为南阳凹陷、新野凸起和襄枣凹陷等次一级单元。受新野断裂活动影响，新近纪沉积中心呈近东西向分布。第四纪以来，南襄坳陷沉降幅度不大，早更新世以河湖相沉积为主，中更新世晚期普遍抬升，形成盆地边缘的低丘或垄岗。晚更新世以来，整个盆地产生由北向南的掀斜运动。

豫皖隆起-坳陷区，北以焦作-新乡-商丘断裂为界，南以峦川-确山断裂为界，为华北克拉通的南部边缘带。区内主体构造线方向为NWW向或近EW向，发育洛宁、济源、开封、周口等一系列盆地。第四纪时期，本区西部逐渐结束盆地沉陷，开始回返上升。晚更新世末期以来，本区西部抬升、东部沉降。坳陷区第四纪断裂及地震活动较弱。

华北断陷-隆起区，南以焦作-新乡-商丘断裂为界，北以张家口-渤海断裂带为界。区内主要构造为北东向，形成NE向隆起与断陷相间分布的基本构造格局。总干渠工程主要涉及次一级的太行山隆起与河北断陷，两者以太行山山前断裂为界。太行山隆起新构造运动主要为整体间歇性抬升，河流深切，在山麓地带发育多级夷平面及河流阶地。河北断陷构造线以NNE为主，被NW向和近SW向构造切割形成若干次一级的凸起与凹陷。新近纪以来，受西部太行山区强烈上升影响，河北断陷强烈下降，形成了巨厚的第四纪沉积物。

区域内的活动断裂主要集中在3个区带。一是大同—太原—临汾一带，基本上为山西断陷带，总体呈 NNE 向，由一系列的 NE 向活动断层组成，如口泉断裂、五台山北缘断裂、交城断裂、中条山北缘断裂等，历史上地震活跃，发生过 8 级以上地震 1 次，7 级以上地震 7 次，属山西地震带。二是衡水—邯郸—邢台—新乡一带，由一系列 NE 向断裂组成，如新河断裂、邯郸断裂、汤西断裂、汤东断裂等，曾经发生过 1830 年磁县 7.5 级地震、1966 年邢台 7.2 级地震等，属华北平原地震带。三是张家口—北京—唐山一带，由一系列 NE 向和 NW 向断裂组成，如蓟运河断裂、南口-孙河断裂、夏垫断裂、黄庄-高丽营断裂等，发生过 1679 年三河 8 级地震和 1976 年唐山 7.8 级地震，属华北平原地震带中的张家口-渤海地震带。

区域内地震活动主要集中在华北平原地震带和山西地震带。在近场区，地震活动呈北强南弱的趋势，北部保定—涞水—北京一带历史上发生过 6 级以上地震 3 次；中部石家庄—焦作一带特别是磁县一带发生过 6 级以上地震 3 次，最强地震是 1830 年磁县 7.5 级地震；焦作以南地震活动相对较少。

根据 2004 年 4 月中国地震局分析预报中心编制的《南水北调中线工程沿线设计地震动参数区划报告》，总干渠沿线 50 年超越概率 10% 的地震动峰值加速度小于 0.05*g*、0.05*g*、0.10*g*、0.15*g* 和 0.20*g* 的长度分别为 136.993km、447.1km、432.4km、245.8km、170.2km，分别占总干渠线路总长的 9.6%、31.2%、30.2%、17.2% 和 11.8%，其中 0.20g 主要集中分布在北京段末端和新乡—安阳等地。

1.2.4　水文地质条件

工程区从陶岔至北京、天津，跨越湿润、半湿润和半干旱气候区。从南向北气温逐渐递减，降雨量逐渐减少，而蒸发量逐渐增加。

工程区内水系较发育，其中流域面积 1000km^2 以上的河流 19 条，流域面积 100km^2 以上的河流 49 条，分属长江、淮河、黄河、海河流域。长江、淮河水系的河流一般常年有水，而黄河、海河水系的河流属季节性河流，枯水期水量很小或断流干涸。

工程区地下水以第四系孔隙裂隙潜水、基岩裂隙水为主，局部存在岩溶裂隙水。在多层结构的地层中，由于含水性能的差异，存在承压水。如南阳盆地的淮河脱脚河两岸含水层厚 1～6m，含水层顶板分布高程 122.00～126.00m，孔隙承压水位 128.00～130.00m，承压水头 3～6m；贾河右岸含水层厚 2～5m，含水层顶板分布高程 125.00～128.50m，孔隙承压水位 124.90～129.30m，承压水头 0.5～2.5m，平水期近河地带地下水无承压性；杨村—澎河渠段含水层厚 1～5m，含水层顶板高程 120.00～126.00m，孔隙承压水位 124.00～130.00m，承压水头 1～4m；淝河—沙河南渠段含水层顶板分布高程 117.00～119.00m，孔隙承压水位 121.00～123.00m，承压水头 1～3m。上述含水层为上更新统中、粗砂、砾砂，上覆厚度较大、分布较广的粉质黏土。

地下水主要受大气降水补给。在山前平原、丘陵区存在地下水侧向补给。地下水位变化主要受季节控制，黄河以北地区最低地下水位一般出现在 5—6 月，最高地下水位一般出现在 11 月至次年 1 月；黄河以南地区最低地下水位一般出现在 4—5 月，最高地下水位一般出现在 7—11 月。

地下水的排泄方式以蒸发、向下游径流排泄和人工开采为主。由于近几十年来工农业用水的急剧增加，人工开采已经成为地下水的主要排泄方式之一，且开采量大于排泄量，地下水位总体呈逐年下降的趋势，已经形成了多个降落漏斗，渠线多位于这些降落漏斗的边缘地带。

工程沿线大多数地下水对混凝土无腐蚀性，局部渠段具有一般酸性型腐蚀、硫酸型腐蚀和碳酸型腐蚀。

1.2.5 物理地质现象

（1）滑坡。滑坡主要分布在膨胀岩（土）地区，是对工程影响较大的物理地质现象。据不完全统计，南阳盆地渠段及附近共发现有8个滑坡，其中规模最大的是刁南干渠滑坡，位于刁南干渠桩号1＋100～1＋500的渠段右岸渠坡。2005年9—10月连续降雨导致了滑坡的发生，滑坡涉及的主要地层为上更新统、中更新统粉质黏土，下更新统粉质黏土、黏土，滑床地层为下更新统黏土，滑坡体后缘呈圈椅状陡壁，滑体面积约3.5万m^2，长约350m，宽约130m，后缘陡坎高4～6m，滑体中间最深大于19m，滑动体积约40万m^3。后缘滑带有厚1～2cm的滑带。中部及前部滑带中脆裂性剪断。滑体垂直裂隙及网状裂隙发育，后缘有泉水沿裂隙流出，沿左滑面裂缝也有泉水流出，滑体左部渠坡下部土体含水量高，地面多呈湿地。滑体后缘土体塌滑下座呈叠瓦状，局部土体滑塌下凹，垂直裂隙发育。滑坡体后缘陡壁存在牵引式的滑塌现象，现滑坡总体趋于稳定。

（2）煤矿采空区。总干渠沿线分布的煤矿采空区主要分布在禹州段和焦作段。煤矿采空形成的地表变形及裂缝，对渠道安全影响很大，是渠线选择的重要因素之一。经过工程技术、经济、安全等多方面比选，焦作段避开了采空区，禹州段以明渠的形式穿越采空区。

（3）风积沙丘。风积沙丘主要分布在新郑市梨园村至郑州市毕河村西，绕岗线需经过风积沙丘。调查、研究发现，这些沙丘历史上曾是流动沙丘，但经过多年土壤改良、植树造林，沙丘已基本稳定，最终工程选择了绕岗线方案。该段运行期存在地震液化问题，采取了工程处理措施。

除此之外，总干渠沿线发育的其他物理地质现象有冲沟、河岸崩塌、岩溶、冻土、黄土潜蚀洞穴、风蚀、风积地貌、泥（水）石流等，分布与地形地貌及岩性、地理位置等密切相关，总体对工程影响不大，采取适当的处理措施即可解决。

1.3 不良地质渠段及处理

这里的不良地质渠段主要是指膨胀岩（土）渠段、湿陷性黄土状土渠段、饱和砂土地震液化渠段、高地下水位渠段、煤矿采空区渠段、深挖方渠段等6类，是前期工程地质勘察和设计的重点地段，也是南水北调中线一期工程总干渠运行期间主要的地质风险和隐患。

1.3.1 膨胀岩（土）渠段

膨胀岩（土）所具有的吸水膨胀、失水收缩特性会对渠线造成如下不利影响：破坏岩

（土）体结构，降低其力学强度，影响渠坡稳定；破坏渠道衬砌。国内外有很多膨胀岩（土）地区渠道出现破坏的例子，而对膨胀膨胀岩（土）的工程处理也是既有成功的，也有失败的。可以说，调查膨胀岩（土）的分布范围，研究其工程地质特性，确定其力学参数并进行有效的处理，是南水北调中线一期工程总干渠最重要的技术难题，属世界性技术难题。

1.3.1.1 膨胀岩（土）的判别

南水北调中线一期工程根据土的自由膨胀率判别土的膨胀性，当自由膨胀率大于或等于40%时，判定为膨胀岩（土），小于40%时，判定为非膨胀岩（土），并根据表1.3-1对其膨胀潜势进行分类。

表1.3-1 膨胀岩（土）的膨胀潜势分类

自由膨胀率 δ_{ef}/%	膨胀潜势	自由膨胀率 δ_{ef}/%	膨胀潜势
$40\leqslant\delta_{ef}<65$	弱膨胀岩（土）	$\delta_{ef}\geqslant90$	强膨胀岩（土）
$65\leqslant\delta_{ef}<90$	中膨胀岩（土）		

对于渠段的膨胀性等级，按下列的先后顺序和原则判别：

（1）当具有强膨胀潜势的土样占试验土样总量的1/3以上时，判定为强膨胀岩（土）渠段。

（2）当具有强膨胀潜势和中膨胀潜势的土样占试验土样总量的1/3以上时，判定为中膨胀岩（土）渠段。

（3）当具有强、中、弱膨胀潜势的土样占试验土样总量的1/3以上时，判定为弱膨胀岩（土）渠段，否则为非膨胀岩（土）渠段。

1.3.1.2 分布与特征

南水北调中线干线工程膨胀岩（土）主要分布在石家庄以南，集中分布在陶岔渠首—北汝河段、辉县—新乡段、邯郸—邢台段，此外颍河及小南河两岸、淇河—洪河南、石家庄、高邑等地也有零星分布。

据统计，南水北调中线总干渠穿越膨胀岩（土）地层累计长度约349.351km，约占总干渠输水渠道约1/3，其中总干渠强膨胀岩（土）渠段长约17.930km，中膨胀岩（土）段139.726km，弱膨胀岩（土）段长度为191.695km。

（1）陶岔—沙河南段。膨胀岩（土）主要分布在南阳盆地的后缘垄岗、伏牛山南麓和东麓的丘陵、垄岗及Ⅱ级阶地，沿渠道分布总长123.011km。

强膨胀岩（土）累计段长9.418km，主要分布于南阳市以西十八里岗。主要岩性为网状裂隙中充填较多灰白色—灰绿色黏土的中更新统冲洪积棕黄色粉质黏土和新近系洛阳组灰白色—灰绿色黏土岩。主要特征包括：①黏土矿物成分以蒙脱石为主，占33%～55%，伊利石占5%～15%，高岭石占5%～8%；②具有强膨胀潜势，中更新统棕黄色粉质黏土自由膨胀率为74.8%～111.7%，灰白色—灰绿色黏土岩自由膨胀率为93.9%～137.5%；③中更新统棕黄色粉质黏土中闭合裂隙发育，裂面光滑，倾角40°～50°，灰白色—灰绿色黏土岩中裂隙倾角50°～70°，倾向多变；④岩土体呈碎块状结构，黏土颗粒呈半定向排列；⑤岩土体对水极为敏感，遇水强度急剧降低，渠坡稳定性差；⑥具有显著的遇水膨胀、失水收缩特性，极易造成渠道底板破坏。

中膨胀岩（土）累计段长66.372km，主要在九重、九龙、宋岗、潘庄、焦奄、马厂垄岗区及白河与东赵河、东赵河与潘河分水岭地带。主要岩性为中更新统棕黄色粉质黏土，由NW向与NE向裂隙组成的网状裂隙发育，裂隙中充填灰白色—灰绿色黏土。棕黄色粉质黏土的矿物成分以伊利石为主，占31%～35%，蒙脱石占16%～22%，高岭石占8%左右，黏土矿物呈半定向排列，自由膨胀率为66.6%～86.0%。

弱膨胀岩（土）累计段长47.221km，主要岩性为中更新统棕黄色粉质黏土、上更新统冲湖积褐黄、褐色粉质黏土及时代不明的坡积粉质黏土。中更新统棕黄色粉质黏土网状裂隙发育，局部充填灰白色—灰绿色黏土，主要分布在岗地上。上更新统冲湖积褐黄、褐色粉质黏土主要分布在河流的Ⅱ级阶地及张林—候集一带的河间地块，含有灰白色风化钙质结核、铁锰质结核。

（2）沙河南—黄河南段。该段总长83.677km，其中强膨胀岩（土）渠段长2.920km，中膨胀岩（土）段长29.581km，弱膨胀岩（土）段长度为51.176km。主要分布在沙河南—贾鲁河南渠段内，膨胀岩（土）主要为新近系洛阳组（N_1l）滨湖相、河湖相陆源碎屑沉积的软岩和第四系中更新统冲洪积成因的黏性土，所属地貌单元多为软岩丘陵和山前冲洪积、坡洪积裙。

新近系洛阳组（N_1l）相变较频繁，黏土岩中常夹有砾岩、砂岩透镜体，或者呈互层状，其中黏土岩和砂质黏土岩具有膨胀性，特别是灰白色、灰绿色黏土岩膨胀性强。膨胀岩色较杂，颍河以南以灰绿色为主，杂棕红、棕黄色，颍河以北多为棕红、棕黄、紫红色，杂灰绿色。断面具蜡状光泽。成岩程度不均，一般成岩较差，呈硬塑—坚硬土状，局部半成岩。网状裂隙较发育，裂隙面光滑，多附有黑色铁锰质薄膜，见断层镜面和擦痕，干后龟裂。此外，裂隙间充填物质含水量大，部分渠段尚存在层间结构面和软弱夹层等软弱结构面，抗剪强度低。

第四系膨胀岩（土）岩性主要为粉质黏土、重粉质壤土，多呈棕红、棕褐色，竖向裂隙发育，干后龟裂，多呈硬塑状，结构致密。重粉质壤土裂隙面上见有镜面和擦痕，断口有蜡状或油脂光泽，土内包含有钙质及铁锰质结核。

（3）黄河北—漳河南段。该段膨胀岩（土）段总长84.950km，其中强膨胀岩（土）渠段长0.456km，中膨胀岩（土）段长度23.711km，弱膨胀岩（土）段长度为60.783km。

膨胀岩主要为新近系潞王坟组（N_2l）、鹤壁组（N_1h）和彰武组（N_1z）滨湖相、河湖相陆源碎屑沉积的黏土岩、泥灰岩，膨胀土主要为第四系中更新统冲洪积成因的粉质黏土和重粉质壤土，所属地貌单元多为软岩丘陵和山前坡洪积裙。膨胀岩具有超固结性、多裂隙性和胀缩性的特点，而且其成岩程度差异很大，导致了其强度变化和变形形式的复杂性。

（4）漳河以北段。该段膨胀岩（土）总长57.713km，零星分布于河北磁县至河北邯郸市区一带，主要为新近系黏土岩和泥灰岩，部分为下更新统湖积和冰水沉积的黏土。据统计，强膨胀岩（土）累计段长5.136km，呈灰白，灰绿色，主要分布于河北邯郸等地；中膨胀岩（土）累计段长20.062km，棕黄色夹灰白色，分布在邯郸北两岗、梁村等地；

弱膨胀岩（土），累计段长32.515km，以棕红色、棕黄色为主，分布在磁县东槐树等地。

综上所述，总干渠沿线膨胀土多为老黏土，以第四系中、下更新统的黏土、粉质黏土为主，干塑—硬塑状态，具有高塑性和低压缩性，裂隙发育，裂面光滑；膨胀岩主要为新近系黏土岩、砂质黏土岩、泥灰岩，成岩程度差且不均一，具有超固结性和多裂隙性，膨胀性强，裂隙发育，裂隙面光滑、有擦痕。膨胀土一般黏粒、胶粒含量较高，如陶岔—方城段棕黄色粉质黏土的黏粒、胶粒含量分别为38%～55%、23%～39%，裂隙中充填的灰白色黏土的黏粒、胶粒含量分别为48%～64%、24%～43%，灰白色黏土岩黏粒、胶粒含量分别为47%～64%、20%～32%，具有膨胀性越强，黏粒、胶粒含量越高的特点。另外，在有些渠段，如陶岔—沙河南段，膨胀岩（土）中还分布有长大裂隙，与其他裂隙、层面组合，控制边坡稳定。膨胀岩（土）的这些特征决定了渠坡稳定性差，必须采取稳妥、可靠的处理措施。

1.3.1.3 渠道断面与处理措施

膨胀岩（土）对渠道工程的影响主要体现在：①影响渠坡稳定，在大气影响带深度范围内，极易产生浅层叠瓦式滑坡，深度一般2～6m，或形成由层间结构面控制的深层滑坡；②当土体含水量发生变化时，由于胀缩变形受到渠道衬砌的约束而产生膨胀力，可能造成渠道衬砌破坏，引起渠道漏水，并进一步导致渠坡稳定状态的恶化；③研究表明，在有些渠段特别是南阳段膨胀岩（土）中发育有长大裂隙，这些裂隙与其他裂隙、层面等组合，会形成规模较大的不稳定块体，影响渠坡稳定。因此，膨胀岩（土）渠段的工程处理是南水北调中线一期工程渠道勘察、设计、施工及运行安全的重大课题。为此进行了大量的勘察、试验及专题研究工作，特别是在设计阶段结合国家重大科技专项在南阳段和黄河北的潞王坟段进行的试验段专项研究，为膨胀岩（土）渠段的工程处理奠定了坚实的基础。

1. 渠道断面设计

渠道采用梯形横断面。根据渠道设计水面线、设计渠底高程、渠道沿线地面高程，渠道横断面分为全挖、全填和半挖半填三种形式。

全挖方断面一级马道的高程为渠道加大水位加相应的超高。一级马道以上，一般每增高6.0m增设一级马道，一级马道一般宽5.0m，其他各级马道一般宽2.0m。单级坡比一般1∶2.0～1∶3.0，对于强膨胀岩（土）或边坡较高时，放缓到1∶3.5。

全填方断面堤顶高程为渠道加大水位加上超高或堤外洪水位加相应的超高，堤外坡自堤顶向下，每降低6.0m设一级马道；堤顶宽一般为5.0m，堤外坡各级马道宽2.0m。

半挖半填断面堤顶高程、堤顶宽度的确定及填方外坡布置型式基本同全填方断面；内坡布置同全挖方断面。

挖方渠道一级马道、填方渠道堤顶兼作运行维护道路，其中左岸为泥结石路面，右岸为沥青路面。

挖方渠道开口线外、填方坡脚线外两侧各设13m防护带。防护带由截流沟、防护堤、林带组成。挖方渠道过水断面以上、填方渠道背水坡面采用草皮、浆砌块石拱、浆砌块石框格护坡。

典型渠道断面型式如图 1.3－1～图 1.3－3 所示。

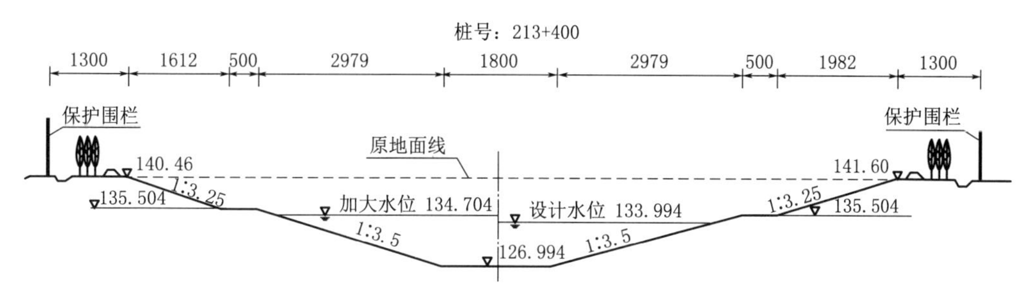

图 1.3－1 总干渠挖方渠道断面示意图（单位：cm）

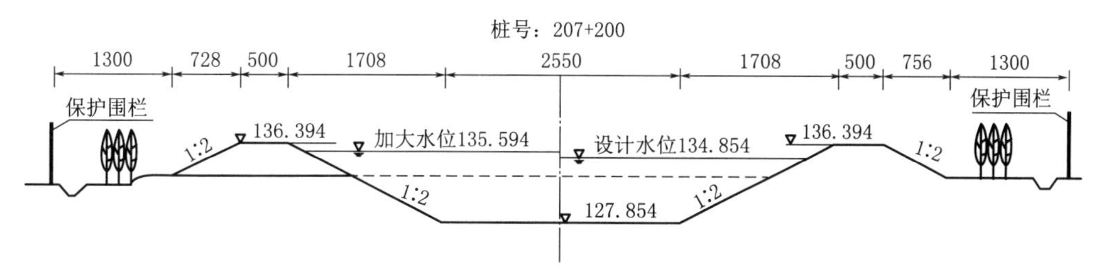

图 1.3－2 总干渠半挖半填渠道断面示意图（单位：cm）

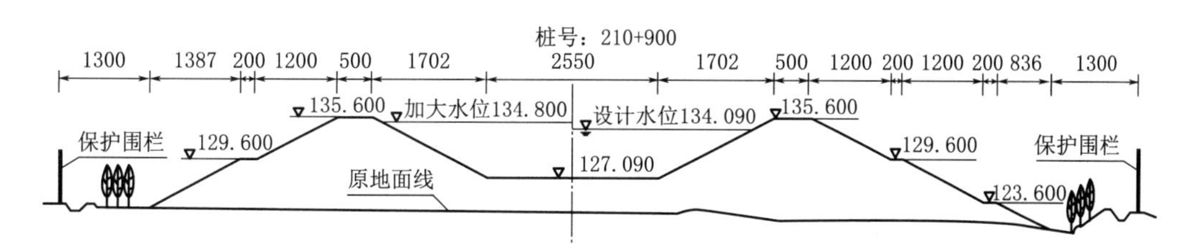

图 1.3－3 总干渠填方渠道断面示意图（单位：cm）

2. 渠道衬砌与防渗结构

膨胀岩（土）渠段衬砌为现浇混凝土等厚板，渠坡衬砌厚 10cm，渠底衬砌厚 8cm。衬砌范围为过水断面的渠底和边坡。渠道衬砌混凝土强度等级为 C20，抗冻等级 F150，抗渗等级 W6。衬砌板下敷设复合土工膜加强防渗。

3. 处理措施

膨胀岩（土）渠段采取如下的处理原则：①加强过水断面膨胀岩（土）处理措施，减少运行风险；②充分考虑膨胀岩（土）膨胀潜势，对强、中、弱膨胀岩（土）区别对待；③防渗和截排水相结合，尽可能避免渠道水体与岩土体直接接触；④膨胀岩（土）防护设计，力求因地制宜，就地取材，符合经济合理原则与施工的要求。

基于上述原则，对于膨胀岩（土）渠段主要采取换填保护、加强排水和抗滑桩等措施。

（1）换填保护措施。主要解决浅层滑动和衬砌板变形稳定问题。通过换填一定厚度的非膨胀岩（土）或改性土，阻断膨胀岩（土）与外界特别是渠道水体的直接接触。根据膨胀性的强弱，换填厚度与范围各不相同，弱膨胀岩（土）渠段仅对一级马道以下进行换填保护，中、强膨胀岩（土）渠段进行全断面换填保护。总干渠膨胀岩（土）换填厚度情况见表1.3-2。

表1.3-2　总干渠膨胀岩（土）换填厚度统计表

渠段	弱膨胀岩（土）/m		中膨胀岩（土）/m		强膨胀岩（土）/m	
	过水断面	一级马道以上	过水断面	一级马道以上	过水断面	一级马道以上
陶岔—沙河南	0.6～1.0	不换填	1.2～1.5	1.0	2.0 （方城段1.5）	1.5
沙河北—漳河南	渠底：0.8～1.0 渠坡：1.0～1.4	不换填	2.0	2.0	2.5	2.5
漳河北	1.0	不换填	2.0	1.0	2.5	1.5

在工程实施阶段，磁县段强膨胀岩（土）过水断面换填厚度调整到3.5m，挖深大于15m的中膨胀岩（土）换填厚度调整到2.5m；对强膨胀及挖深大于15m的中膨胀岩（土）渠段，渠坡、渠底混凝土衬砌板厚度均增加到15cm。

关于换填材料，优先选用渠道附近的非膨胀岩（土），如果渠道附近没有非膨胀性的黏性土，一般采用掺5%水泥的水泥改性土。

（2）排水措施。设置排水措施是为了避免渠道渗水进入渠坡岩土体，引起渠坡膨胀性变形破坏。排水措施由防渗土工膜下方的排水垫层、纵向集水暗管和排水设施两部分组成。渠道渗水通过排水垫层收集后，由排水设施将渗水集中排出。

排水垫层采用厚10～20cm的砂卵石或中粗砂，垫层顶高程比设计水位低1m，一般布置在防渗土工膜下方。对于强膨胀岩（土）或挖深超过15m的中膨胀岩（土），在换填层上、下部均设排水垫层，形成两套独立的排水系统，换填层以上采用逆止阀内排排水，换填层以下采用移动泵站抽水或逆止阀内排排水，如图1.3-4所示。有些渠段，为了施工方便，用排水盲沟与排水板替代排水垫层，如淅川段、鲁山南2段等。

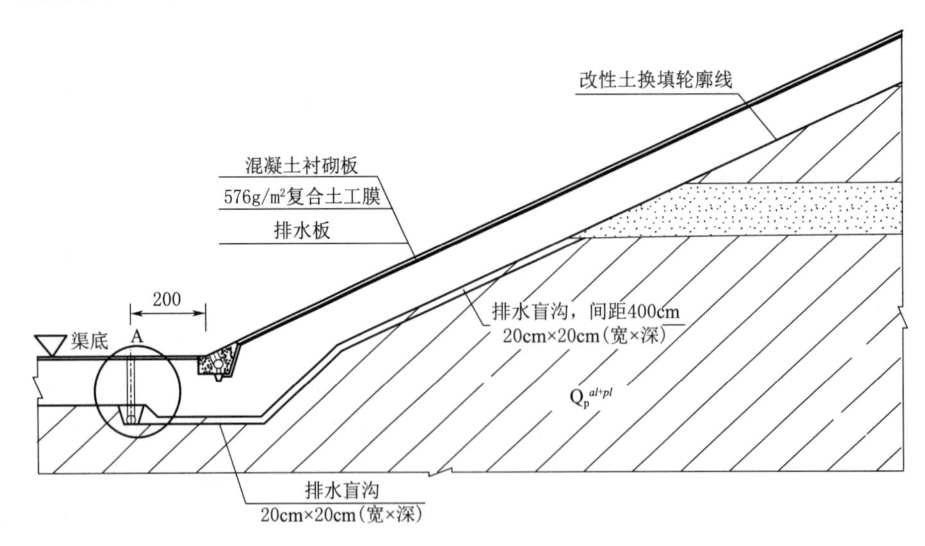

图1.3-4　膨胀岩（土）渠段过水断面排水布置图

（3）抗滑桩措施。该措施主要是解决由长大裂隙面控制的渠段和深挖方渠段的渠坡稳定问题。当渠坡稳定性差，采取放缓边坡且放缓到1∶3.5，渠道边坡稳定仍不能满足规范要求时，或膨胀岩（土）体中有长大裂隙控制的边坡稳定问题且通过其他方法不能解决时，采用抗滑桩措施提高边坡安全系数。

以淅川段为例，施工开挖揭露的膨胀岩（土）总长达49.062km，约占本渠段总长的92.45%，其中填方渠段长10.167km，为弱膨胀岩（土）。挖方渠段中分布有弱膨胀岩（土）的渠坡长12.931km，中膨胀岩（土）的渠坡长25.359km，强膨胀岩（土）的渠坡长0.605km。对于强膨胀岩（土）及开挖深度大于15m的中膨胀岩（土）渠段，在过水断面布设抗滑桩，并在渠底设置纵梁与横梁；当一级马道以上渠道边坡高度超过9m，且一级马道及以下3m深度范围内为中、强膨胀岩（土）时，对一级马道以下3.5m范围内的中、强膨胀岩（土）采用水泥土换填，水泥土水泥掺量10%；当一级马道以上的坡高大于9m，且岸坡中存在长度大于15m的陡倾角裂隙与缓倾角裂隙组合，或存在长度大于30m的缓倾角裂隙时，布设小型树根桩和坡面梁＋土锚支护。

1.3.2 湿陷性黄土状土渠段

黄土在我国分布很广，具有遇水后土体结构破坏强度降低的特点，易使渠道或建筑物地基产生湿陷变形破坏，从而影响填方渠道和建筑物的稳定和安全。

南水北调中线一期工程沿线主要是黄土状土，以冲洪积、坡洪积成因为主，局部为风积，断续分布在汝河以北至北京的山前倾斜平原上。研究表明，黄土状土湿陷性等级以弱—中等为主，不具自重湿陷性；湿陷深度一般小于5m（最深约8m）。因此，湿陷性黄土状土主要是影响填方渠道和建筑物地基稳定，对挖方渠道边坡的影响不大。

1.3.2.1 分布与特征

1. 分布

湿陷性黄土状土渠段由中、上更新统黄土状亚砂土、黄土状亚黏土、黄土等组成，分布于山前丘陵、倾斜平原过渡带和山间盆地，黄河以及淮河、海河支流的Ⅱ级阶地上部，为冲洪积形成。黄土状土渠段累计长度401.824km（不包括穿黄工程4.629km），其中采取工程处理的湿陷性黄土渠段长度82.195km。

（1）黄河以南。黄河以南渠段湿陷性黄土状土累计长度151.186km，主要分布于汝河以北的渠段。

1）宝丰至郏县段湿陷性黄土主要分布于北汝河—青龙河段和胡坡河—兰河段，沿渠线分布累计长度约13.748km，约占该段明渠总长度的35.9%。

根据黄土状土湿陷性试验结果，具有轻微湿陷性长度约0.27km；具轻微—中等湿陷性长度约4.522km；具中等湿陷性长度约4.331km；具强烈湿陷性长度约5.714km。

以非自重湿陷性黄土为主，局部地段有自重湿陷性，主要为青龙河两岸的黄土状中粉质壤土、肖河东沟附近的黄土状中粉质壤土、兰河右岸的黄土状轻粉质壤土。

2）禹州段和长葛段除颍河等较大河流河（沟）谷外，沿线地表基本上均分布有湿陷性黄土，累计长度约52.853km，约占本段总长度的98.5%。沿线黄土状土以轻微和中等湿陷为主，局部为强烈湿陷，湿陷深度一般为2～7m。局部地段黄土状土自重湿陷性。

3）新郑南段湿陷性黄土分布于新郑南段全线，分布比较连续，直至潮河段三官庙之间软岩岗地顶部、山前冲洪积裙及河谷平原的上部，累计长度约16.183km。根据黄土状土湿陷性试验结果，轻微湿陷性分布长度4.704km，轻微—中等湿陷性，累计长度8.079km，中等—强烈湿陷性分布长度3.4km。以非自重湿陷性黄土为主，仅在观音寺东公路桥附近具有自重湿陷性。湿陷深度多在2～5m，局部达5～8m。

4）潮河段湿陷性黄土主要分布于娄庄—三官庙之间软岩岗地顶部、山前冲洪积裙及河谷平原的上部，分布比较连续，累计长度约21.87km，约占渠线总长度的47.7%。多为非自重湿陷性黄土。

5）郑州2段黄土状土沿渠线分布累计长度约21.7601km，约占本渠线总长度的99%，其中8.2km具有湿陷性。以轻微—中等湿陷为主，局部为强湿陷，部分具自重湿陷性，湿陷深度多小于5m，局部湿陷深度达5～7m。自重湿陷性黄土主要为站马屯沟附近的黄土状轻壤土和郭厂附近的重砂壤土。

上述黄土状土渠段中，采取工程处理措施的渠段长26.366km，其中强烈湿陷9.524km，中等湿陷13.167km，弱湿陷3.645km，主要分布在长葛段和郑州段。

（2）黄河北—漳河南。沿线黄土状土分布长度172.265km。主要分布在焦作、辉县、汤阴等地，为丘陵顶部、山前坡洪积裙、山前冲洪积裙及河谷平原的上部。黄河北—漳河南段黄土状土分布情况见表1.3-3。

表1.3-3　黄河北—漳河南段黄土状土分布统计表

序号	设计单元名称	分布长度/km	扣除建筑物后分布长度/km
1	温博段	17.98	17.18
2	沁河倒虹吸	1.18	
3	焦作1段	2.90	2.10
4	焦作2段	13.29	12.95
5	辉县段	40.38	34.50
6	石门河倒虹吸	0.38	0.38
7	新乡和卫辉段	25.66	24.73
8	鹤壁段	30.14	28.67
9	汤阴段	13.22	12.07
10	安阳段	27.52	
合　计		172.65	132.58

根据试验结果，具有中等—强湿陷性的黄土分布长37.62km，中等湿陷的长116.96km，轻微湿陷的长7.0km，无湿陷性的长11.07km。

黄土状土湿陷性在空间分布上的随机性较大，无论水平方向还是垂直方向都具有不均匀性。本渠段黄土状土多属非自重湿陷性黄土，个别地点具自重湿陷性。湿陷深度多为5～8m，仅在山庄河渠倒虹附近黄土状土的湿陷深度达10.0m。

上述黄土状土渠段中，采取工程处理措施的渠段长35.579km，其中强烈湿陷长度7.042km，中等湿陷长度15.306km，弱湿陷长度13.231km，主要分布在温博渠段和焦作渠段。

（3）河北省段。河北省段黄土状土分布总长度66.947km，主要集中在高邑县至元氏县段渠段和鹿泉渠段，在磁县、永年县及临城县零星分布。

高邑县至元氏县段黄土状土分布长度39.761km，主要为第四系上更新统冲洪积黄土状壤土，黄土状土具轻微湿陷性的渠段大致可划分如下4段：①桩号（174＋250）～(181＋000)；②桩号（188＋220）～(189＋950)；③桩号（190＋800）～(194＋960)；④桩号(197＋000)～(206＋630)。总长22.632km，均为填方渠段。

鹿泉市渠段内黄土状土分布长度12.786km，主要为第四系上更新统冲洪积黄土状壤土。其中桩号（214＋000）～(221＋000)，长7.0km的黄土状壤土具轻微湿陷性，均为填方渠段。

古运河至北拒马河段，在桩号GB195＋045～GB202＋145、GB226＋885～GB233＋477分布有湿陷性黄土，长14.4km，以弱湿陷性为主。

上述黄土状土渠段中，采取工程处理措施的渠段长20.280km，其中中等湿陷的长2.677km，弱湿陷的长17.603km，主要分布在磁县、邯郸、永年和临城等渠段。

（4）北京、天津段。北京段黄土状土主要分布在惠南庄—大宁段，长约0.6km。据地质勘察结果，在东、西周各庄东侧，桩号HD15＋900～HD16＋500，长600m，管基为黄土质砂壤土和壤土，其湿陷系数平均值为0.029，具弱湿陷性。另外，天津段西黑山进口闸至有压箱涵段分布有10.826km的黄土状土，轻微湿陷，为上黄土状土下黏性土双层结构，地基已挖穿黄土状土，对工程影响不大。

2. 特征

综上所述，总干渠湿陷性黄土具有以下主要特征：

（1）南水北调中线一期工程总干渠共分布湿陷性黄土401.824km，主要为晚更新世和全新世的冲、洪积轻、中、重粉质壤土，由南向北依次展布于伏牛山、嵩山、太行山山前地带或山地与平原之间的过渡带。

（2）除邙山段为黄土外，其余绝大部分都是黄土状土。由于成因环境、物质组成、土体结构等方面的不同，总干渠分布的黄土状土与西北地区典型的风成黄土有明显差异，一般不存在典型黄土的大孔隙结构，节理不发育，易溶盐含量低，在水平向与垂直向的渗透性差别不明显。

（3）在湿陷性方面，漳河以南尤其是黄河以南渠段分布的黄土状土湿陷性较强，以弱—中等湿陷性为主，少部分具有强烈湿陷性；漳河以北的河北省、北京市、天津市的黄土状土湿陷性明显减弱，以轻微—弱湿陷性为主。全新世的黄土状土湿陷性比晚更新世的强烈。根据黄土湿陷性试验结果，总干渠分布的黄土状土以非自重湿陷为主，局部具有自重湿陷性。大部分为弱—中等湿陷，少部分为强湿陷，湿陷深度一般小于5m，最大不超过10m。

（4）在渗透性、压缩性及力学强度方面，由于成因、时代、物质特组成，矿物成分等原因，各地黄土状土差别较大。一般来说，晚更新世的黄土比全新世黄土的工程地质性状好一些。

（5）鉴于总干渠湿陷性黄土状土主要非自重湿陷性，主要存在填方渠道和建筑物的地基变形稳定问题，对挖方渠道影响不大。根据对渠道安全的影响，经分析计算，总干渠共处理湿陷性黄土状土 82.195km，其中强烈湿陷的长 16.566km，中等湿陷的长 31.150km，弱湿陷的长 34.479km。

1.3.2.2 工程处理措施

总干渠湿陷性黄土渠段处理措施包括强夯、重夯、振冲挤密等。

1. 设计处理原则

(1) 根据黄土状土的湿陷性特点确定工程处理方案。对自重湿陷性黄土分布的渠段，不论挖填情况，均应考虑黄土状土湿陷对工程的影响，进行消除湿陷性的工程处理，处理措施根据湿陷深度相应选取。对于非自重湿陷性黄土分布的渠段，原则上只对填方渠道和半挖半填渠挖方渠道进行处理，处理深度与范围通过设计计算确定。

(2) 处理范围根据渠道断面型式、湿陷性质和等级等确定。

(3) 消除湿陷性处理措施的选择应综合考虑黄土的湿陷性等级、处理深度、施工条件及对周围环境的影响等综合确定。当存在多种可选用的方法时，应通过技术、经济比较确定。前期设计阶段，曾对垫层法、夯实法、挤密法、预浸水法等进行方案比选，从施工的难易程度、工程处理效果、投资等方面综合考虑选取夯实法为主要工程处理措施。

(4) 消除湿陷性处理设计计算时，针对不同工程地质条件，综合考虑湿陷性的强弱、渠道的挖填情况、湿陷土层的厚度及施工的可操作性等进行设计分段，在每一设计段内选择典型断面分别对渠底、渠堤基础进行湿陷处理深度的计算。

(5) 在采取工程处理措施消除黄土湿陷性的同时，还要重视过水断面以上的坡面防护和排水问题。湿陷性黄土抗冲刷能力弱，为此在挖方段对一级马道以上的坡面采取防护措施，用 C15 预制混凝土六棱体框格埋入坡面固坡，框格厚 10cm，并在框格内填土种植草皮。另外，在湿陷性黄土渠段，在衬砌混凝土面板下面设两布一膜土工布加强防渗，同时设置排水设施。

(6) 当渠段地下水位埋深较浅，湿陷性黄土天然含水量与塑限的差值大于 3%，为保证夯实质量，夯实处理时在夯实范围内铺设 0.3m 厚的碎石垫层。

(7) 为防止夯实振动对周围建筑物和居民、企业的影响，在夯实边缘处设置减振沟。减振沟深 3m，底宽 1m，边坡 1∶0.7。

(8) 当采用土挤密桩和夯实组合方法消除湿陷性时，为减少施工时的振动对建筑物产生不利影响，应先进行夯实处理，再进行土挤密桩处理，最后进行建筑物施工。

2. 处理措施的选择

(1) 对渠底、渠堤下湿陷性黄土地层厚度在 1～3m 的，不进行消除湿陷性黄土层处理深度计算，直接根据挖填情况采用重夯法、凸块振动碾压或换填进行处理。

(2) 对于非自重湿陷黄土渠段，当黄土的湿陷起始压力小于基础附加压力与上覆土的饱和自重压力之和时，对未挖除的湿陷性黄土进行消除湿陷性处理深度的计算，依据计算结果选择不同的处理方案。当计算处理深度小于或等于 3m 时，采用重夯法或更简化的凸块振动碾处理。当计算的处理深度大于 3m 时，如果处理渠段以外 50m 范围内有村庄分布，或有高压线通过，强夯施工影响村庄和高压线的安全，采用挤密土桩处理，其他渠段则采用强夯法处理。

3. 消除湿陷性处理措施

(1) 土挤密桩处理。针对湿陷性黄土的情况，依据《湿陷性黄土地区建筑规范》(GB 50025—2004) 和《建筑地基处理技术规范》(JGJ 79—2002)，进行土桩布置及参数设计计算。南水北调中线一期工程为重大水利工程，因此要求桩内回填土的平均压实系数不小于 0.97，桩间土的最小挤密系数不低于 0.88。

土桩按正三角形布置，桩间距 1.3m，直径 0.4m，桩长超出湿陷性土层厚度约 0.5m。

土挤密桩处理范围超出基础外缘的宽度，每边不宜小于处理土层厚度的 1/2，并不应小于 3m。土挤密桩处理典型断面如图 1.3-5 所示，桩位布置如图 1.3-6 所示。

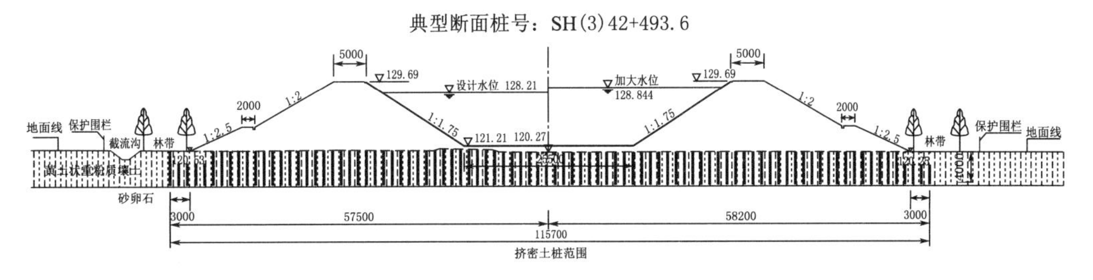

图 1.3-5 土挤密桩处理典型断面图

(2) 强夯处理。根据《建筑地基处理技术规范》(JGJ 79—2002) 的相关内容进行强夯技术参数计算。

1) 夯锤技术参数。夯锤重 20t，夯锤底面直径 2.5m，落距 10m。

2) 夯击击数及遍数。采取 10 击 3 遍，最后一遍夯锤落距可降低至 4～6m，夯击 3 次。各遍夯点间隔时间为 4～6d。

3) 夯击点布置。第一遍夯点按正三角形布置，中距 6.5m；第二遍夯点在第一遍夯点之间布置；第三遍满堂布置。

4) 强夯处理范围。处理范围超出基础外缘的宽度，每边不宜小于处理土层厚度的 1/2，并不应小于 3m。强夯处理典型断面如图 1.3-7 所示，强夯夯点布置如图 1.3-8 所示。

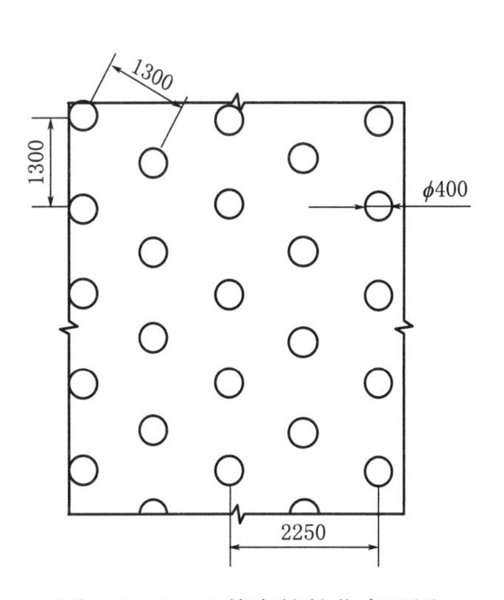

图 1.3-6 土挤密桩桩位布置图

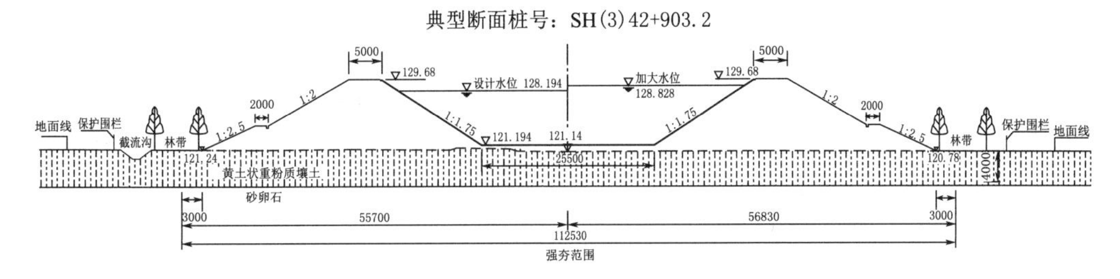

图 1.3-7 强夯处理典型断面图

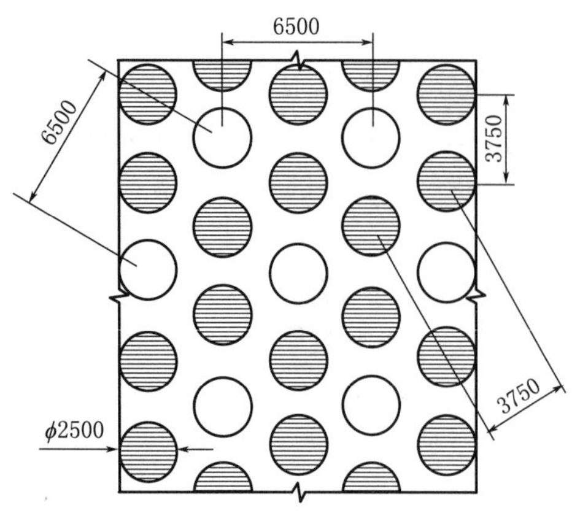

图 1.3-8 强夯夯点布置图

(3) 重夯处理。根据《建筑地基处理技术规范》(JGJ 79—2002) 的相关内容进行强夯技术参数计算。

1) 重夯技术参数。夯锤重 3t，锤底直径 1.4m，夯锤落距 6m 或 9m。

2) 夯击点布置。采用一夯挨一夯布置方式，夯击 3 遍，每遍 4 击。

3) 重夯处理范围。基础处理范围超出基础外缘的宽度，每边不宜小于处理土层厚度的 1/2，并不应小于 2m。重夯处理典型断面如图 1.3-9 所示，夯点布置图如图 1.3-10 所示。

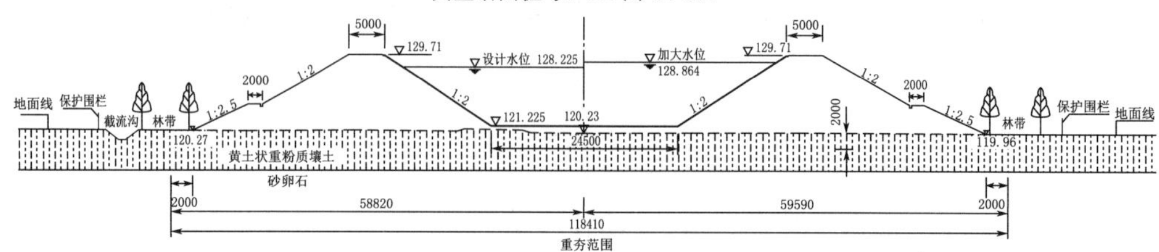

图 1.3-9 重夯处理典型断面图

以上是沙河北至漳河南渠段湿陷性黄土的处理情况，漳河以北渠段的处理措施与此类似，不再赘述。

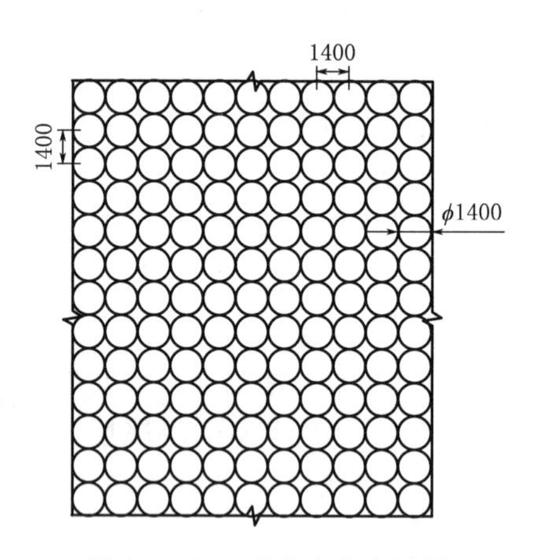

图 1.3-10 重夯夯点布置图

1.3.3 饱和砂土地震液化渠段

1.3.3.1 分布与特征

据统计，总干渠沿线存在饱和砂土地震液化问题的渠段总长 48.884km，其中沙河北—贾鲁河南 31.893km，穿黄段为 6.128km，黄河北—漳河南 5.478km，河北—北京段 5.385km。砂土液化渠段主要位于沿线较大河流，如黄河、潮河、黄水河、漳河等的漫滩和Ⅰ级阶地上，液化土层主要为黄土状轻粉质壤土，粉细砂，地下水埋深较浅。根据颗粒组成和标贯击数等综合判别，在Ⅶ、Ⅷ度地震作用下，发生震动液化。

(1) 沙河北～贾鲁河南。包括新郑南、双洎河渡槽和潮河共 3 个设计单元。

新郑南段长 16.183km，其中明渠长 15.190km，本渠段桩号 SH (3) 126+330～SH (3) 127+320 存在饱和砂土地震液化问题，累计长度 0.99km，液化深度 5.0～8.5m，液化等级为严重。

双洎河段桩号 SH (3) 132+491.4～SH (3) 132+764.4 累计长 0.273km，液化土

层为黄土状重砂壤土，液化深度0～13.2m，等级为中等。

潮河段液化砂土分布较广，在45.244km明渠中分布有30.63km液化砂土，其中液化等级轻微的累计长3.32km，轻微—中等的累计长11.81km，中等的累计长10.37km，中等—严重的累计长5.13km。

（2）黄河北—漳河南。桩号Ⅳ9+450～Ⅳ10+200（沁河河床及漫滩）、桩号Ⅳ24+400～Ⅳ25+200（齐村东北公路桥—幸福河）的细砂层，桩号Ⅳ30+350～Ⅳ30+800（府城）、Ⅳ31+550～Ⅳ31+900（白马门河）的轻粉质壤土，桩号Ⅳ93+000～Ⅳ93+750（石门河—黄水河）的砂壤土、黄土状中壤土，桩号Ⅳ179+600～Ⅳ180+250（永通河两岸）的黄土状中粉质壤土、轻壤土，均为可液化土层。

安阳河左岸Ⅰ级阶地，桩号Ⅳ（AY）26+792.9～Ⅳ（AY）27+172，上部为轻粉质壤土及细砂夹层，渠段长379.1m。漳河右岸漫滩，桩号Ⅳ（AY）39+723～Ⅳ（AY）40+322，轻壤土、中粉质壤土、极细砂、中粉质壤土、轻壤土均为可液化土层，渠段长599m。

在哑叭河—京广铁路段，桩号HD47+150～49+800，地层岩性为砂壤土，渠段长2.65km。在8度地震条件下，基础存在液化问题，液化等级为中等，需进行地基处理。

（3）漳河以北。磁县段有2.335km存在砂土液化问题，分布在桩号0+000～1+835段和桩号4+451～4+951段。该段地层为漳河漫滩和Ⅰ级阶地的饱和中砂、轻粉质壤土，液化等级为轻微—中等，对渠道工程和建筑物均有不利影响。

沙河县，桩号91+403～91+803段为挖方段，虽分布有液化土层，对渠道工程影响较小。

古运河至北拒马河段有11.2km存在砂土液化问题。

天津段有19km存在砂土液化问题。

另外，在北京零星分布。

1.3.3.2 工程处理措施

据统计，总干渠共处理砂土液化段38.719km，主要集中在新郑至安阳之间的渠段和磁县段，其中新郑段和航空港段（潮河段）分别为8.58km和17.875km。

考虑到液化破坏后的涉及范围、发生震害产生的损失大小和修复的难易程度等特点，从技术可行及经济合理上考虑，对液化等级轻微、液化土层厚度相对较小的，采取强夯处理措施；对中等液化地基，视液化地层的厚度、埋深、渠道断面的形式等，采用挤密砂桩、换土、强夯等处理的措施；对严重的液化地基，原则上采用挤密砂桩处理，局部坡脚液化土层处理厚度相对较薄处，经技术经济比较后确定采用换土法进行处理。

实际发生震害时，两侧坡脚处往往容易发生喷砂冒水而导致渠基边坡以外地基和渠堤共同沉陷和滑移破坏，因此饱和砂土液化处理范围应包括坡脚至外缘部分。

（1）挤密砂桩处理。挤密砂桩按正三角形布置。

对于松散粉土和砂土地基，桩径与桩间距按下式确定：

$$s=0.95\xi d\sqrt{\frac{1+e_0}{e_0-e_1}}$$

式中：s 为砂石桩间距，m；d 为砂石桩直径，m；ξ 为修正系数，当考虑振动下沉密实作用时，取 1.0；e_0 为地基处理前砂土的孔隙比，可按原状土样试验确定，根据动力或静力触探等对比试验确定；e_1 为挤密后要求达到的孔隙比。

对于少黏性土地基，桩间距按下式确定：

$$s=1.08\sqrt{A_e}$$

其中

$$A_e=\frac{A_p}{m}$$

式中：A_e 为 1 根砂石桩承担的处理面积，m^2；A_p 为砂石桩的截面积，m^2；m 为面积置换率，$m=d^2/d_e^2$；d 为桩身平均直径，m；d_e 为 1 根桩分担的处理地基面积的等效圆直径。

通过上述计算并类比其他工程经验，挤密砂桩径取 600mm，桩间距为 2m。

挤密砂桩的桩长应穿过液化砂土层，在基础外边缘扩大处理宽度不小于液化砂土层的 1/2，且不小于 5m。

典型断面及桩点布置分别如图 1.3－11 和图 1.3－12 所示。

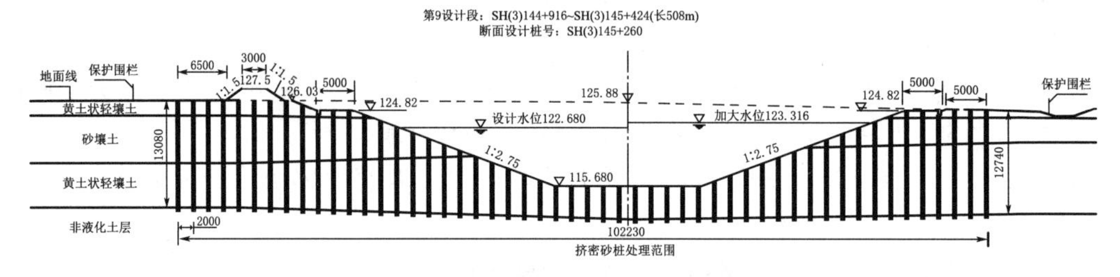

图 1.3－11 挤密砂桩处理方案典型断面图

（2）强夯、重夯处理。重夯锤重为 3t，锤径 1.4m，落距 9m。强夯锤重 20t，锤径 2.5m，落距 10m 或 15m。

夯击点按正三角形布置，第一遍夯点中距 5.5m，第二遍夯点在第一遍夯点之间布置，第三遍满堂布置。

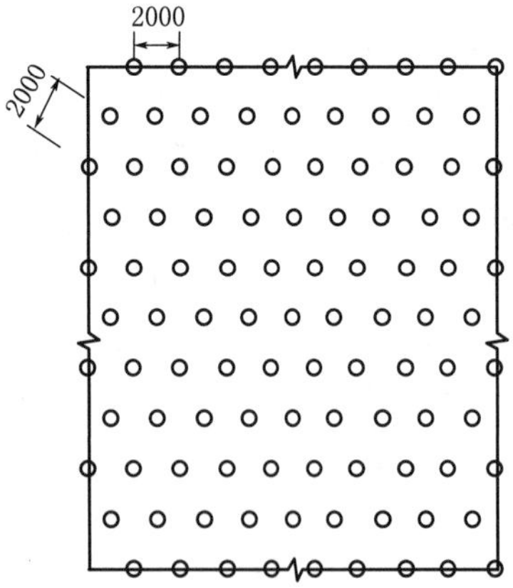

采取 10 击 3 遍，最后一遍夯锤落距可降低至 4～6m。各遍夯点间隔时间为 4～6 天。

强夯、重夯处理超出基础外缘的宽度，每边不宜小于处理土层厚度的 1/2，并不应小于 3m，场地整平起夯前铺设 0.3m 碎石垫层。

潮河段强夯处理方案典型断面如图 1.3－13 所示。

（3）换土处理。对液化砂土层采取换土处理措施时，其填筑标准用设计填筑干密度和设计填筑含水量控制。

换填后，要求换填土的压实度不小于 0.98。

换填土料的含水量按其最优含水量控制，要求两者之间的差值为－2%～＋3%。处理方案典型断面如图 1.3－14 所示。

2000

2000

图 1.3－12 挤密砂桩处理方案桩点布置图

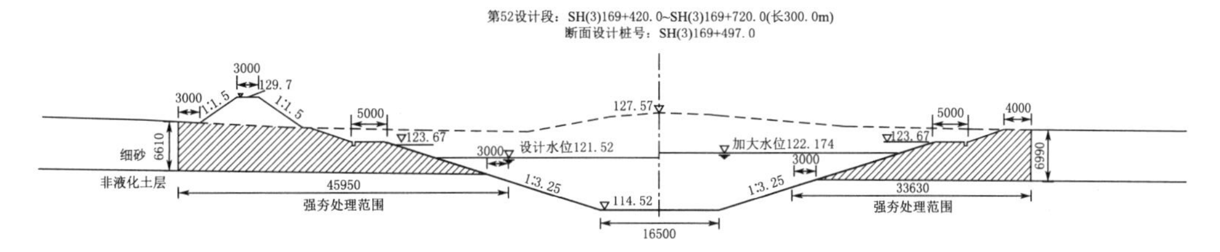

图 1.3-13　强夯处理方案典型断面图

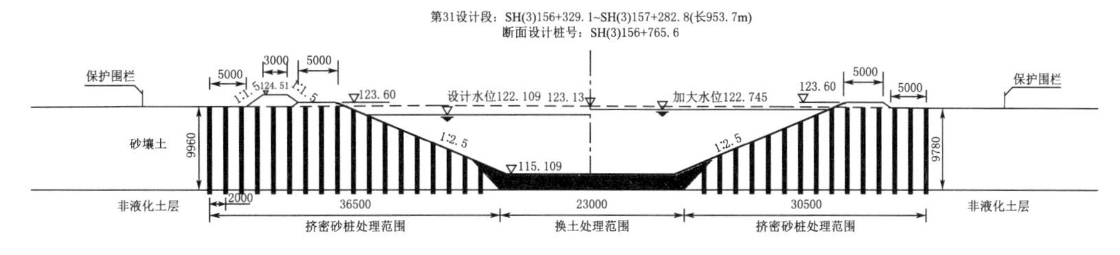

图 1.3-14　换土处理方案典型断面图

1.3.4　高地下水位渠段

高地下水位对渠道工程的影响，主要包括：①在施工过程中产生基坑涌水，给工程施工带来困难；②当运行期地下水位高于渠道内水位时，建筑物存在抗浮问题，对总干渠来说检修期渠底板稳定问题比较突出；③引起膨胀岩（土）、湿陷性黄土等不良地质渠段的破坏。此外，地下水位以下的土体由于处于饱和状态，土体物理力学指标降低，抗剪强度下降，影响渠坡稳定，以及北方地区冻胀、冻融破坏。

1.3.4.1　分布与特征

南水北调中线一期工程总干渠输水线路总长 1432.493km，其中明渠总长约 1087km，沿线穿越高地下水位渠段（地下水位高于渠底高程）约 168.553km。

高地下水位渠段沿线各渠段均有分布，其中陶岔—沙河南高地下水位段长 27.952km，占该段渠道总长的 11.7%；沙河南—黄河南高地下水位段长 27.189km，占该渠道总长 12.26%；黄河南—漳河南高地下水位段长 41.635km，占该渠道总长 17.6%；漳河北—北拒马高地下水位段长 27.189km，占该渠道总长 5.8%。另外，高地下水位渠段大部分与膨胀岩（土）渠段、深挖方渠段、湿陷性黄土渠段和砂土液化渠段互相交叉，单独高地下水位渠段较少。

1.3.4.2　工程处理措施

这里主要是针对过水断面衬砌结构的地下水问题。

为了排出衬砌板底下的地下水，降低地下水位，减少衬砌板下的扬压力，保证衬砌板的稳定，对南水北调中线一期工程总干渠地下水位高于渠底板的渠段，均设置了排水措施。根据地下水位、水质、地形条件等，采取了多种排水方案，包括自流外排、逆止阀内排、逆止阀内排+自动泵抽排、移动泵抽排等。

（1）逆止阀自流内排方案。对于挖方渠道，当地下水位高于渠道水位时，一般采用逆止阀自流内排的工程措施。当地下水位高于渠道水位时，逆止阀受压开启，将地下水排向渠道；当地下水位低于渠道水位时，逆止阀复位关闭，避免渠水外渗。

逆止阀自流内排方案由垫层、纵向集水管、逆止阀等组成。

设置垫层是为了加强排水效果，使地下水位迅速降低。垫层铺设在衬砌板之下，一般厚度为10cm，沿挖方渠道铺设至渠水位以下0.5m。垫层材料为中粗砂。

为了保证排水效果，降低逆止阀淤堵的可能性，在渠底两侧及中心设逆止阀，其中渠底两侧采用拍门逆止阀，渠底中心采用球形逆止阀。逆止阀在纵向上的间距通过排水量计算确定，一般不大于20m。纵向排水管通过三通管与逆止阀连接，材料为透水软管，内侧为钢丝骨架，外侧为纤维缠绕黏结，直径约25cm，作用是通过垫层收集地下渗水（见图1.3－15）。

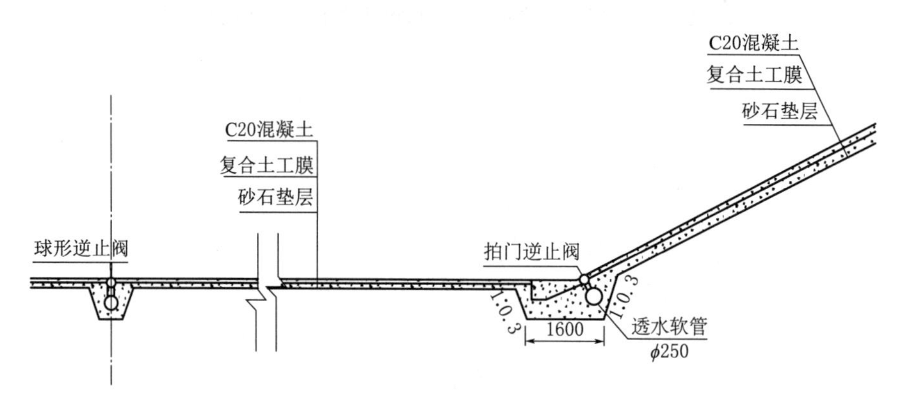

图1.3－15　逆止阀自流内排措施布置示意图

（2）逆止阀内排＋自动泵抽排方案。一般布设地下水位高于渠道水位，且渠段连续、长度大，地质条件差或深挖方渠段。逆止阀设计与布置与前述逆止阀自流内排方案基本相同。垫层厚度根据不同部位分别设定，一般渠坡部位厚10cm，渠底厚25～30cm。

自动泵起备用作用，当部分逆止阀失效或地下水渗水量增加时自动抽排地下水。自动泵的数量与间距根据地下水位、抽排量、边坡高度等确定，一般在地下水位高、抽排水量大、渠道边坡高的渠段，泵的间距小一些，否则大一些，如陶岔—方城段自动泵的间距为1000～2600m，自动泵站由集水竖井、横向连接管、自动泵、出水管等组成。竖井布置在右岸一级马道外侧，直径3m。横向连接管采用钢筋混凝土预制管，用于连接渠底集水井和竖井，直径30cm。自动泵一般情况下不运行，在满足一定条件下自动开启，通过出水管将竖井里的水排入渠道（见图1.3－16）。

（3）移动泵抽排方案。当地下水位介于渠底板与渠道水位之间时，运行期间衬砌稳定满足规范要求，不需要排水，但当渠道退水或放空检修期间渠道水位下降时，为满足衬砌板抗浮和抗滑稳定需要时，才需要排水。如果采用逆止阀内排，在渠道水位下降至低于地下水位时逆止阀能开启自动排除地下水，但若逆止阀因长期使用性能下降时，渠道运行期间逆止阀有可能成为渠水外渗的通道。通过技术经济比选，当地下水位介于渠底板与渠道水位之间时，采用移动泵站临时抽排方案。

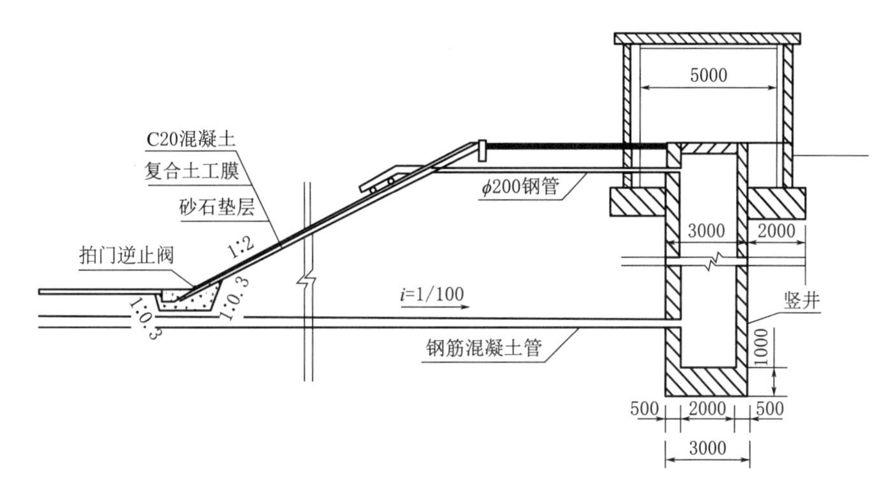

图 1.3-16　南干渠高水位渠段自动泵抽排措施布置示意（单位：mm）

该方案由垫层、纵向集水管、集水井、斜井、移动式潜水泵组成。垫层设置与上述逆止阀内排＋自动泵抽排方案基本相同。

纵向集水管布置在渠底，材料为透水软管，直径 30cm，作用是通过垫层收集地下渗水。集水井沿纵向集水管布置，为钢筋混凝土结构，尺寸为 100cm ×100cm ×200cm（长×宽×高），井壁厚 20cm，其作用是汇集纵向集水管内的渗水。斜井与集水井相连，并通向渠道马道表面，采用 PVC 管，直径 50cm。移动泵不需要固定在集水井内，而是在渠道水位下降或渠道放空检修需要抽水时，将移动式潜水泵沿斜井滑入集水井进行抽水。移动泵抽排方案如图 1.3-17 所示。

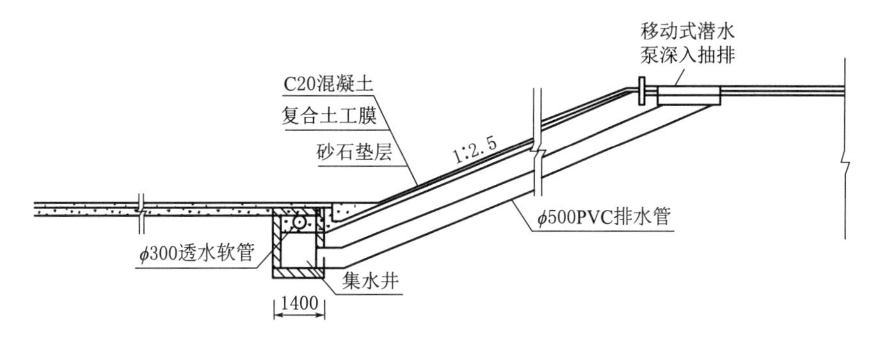

图 1.3-17　移动泵抽排方案示意（单位：mm）

上述几种抽排水方案都是将地下水排至渠道，也就是内排的方式，但当地下水水质不满足输水要求时，则需要将地下水抽排到渠道外，即外排。另外，当渠道周围有较好的地形条件可供地下水排放时，为了节省运行成本，将集中外排。

1.3.5　煤矿采空区渠段

1.3.5.1　分布与特征

1. 分布

南水北调中线一期工程总干渠在禹州段通过原新峰矿务局二矿、禹州市梁北镇郭村煤矿、梁北镇工贸公司煤矿和梁北镇福利煤矿等4处采空区，累计长度为3.11km。

（1）原新峰矿务局二矿采空区。该矿采空区分布于渠道下边，面积为1387260m²，沿总干渠长度747m，所采六4、六2煤层厚度为0.9m，煤层底板标高为－150.00～＋31.00m，地面标高为＋116.00～＋138.00m，煤层埋深107～266m。该矿采空区为1965年以前开采，采空区通过相应的设计桩号为SH（3）75＋828.3～SH（3）76＋575.3。

（2）禹州市梁北镇郭村煤矿采空区。该矿采空区面积为525045m²，沿总干渠长度1055m，所采六4、六2煤层厚度为0.75～1.13m，煤层底板标高为－150.00～±0.00m，地面标高为＋126.00～＋140.00m，煤层埋深126～290m。该矿采空区为20世纪90年代初期所形成。采空区通过相应的设计桩号为SH（3）77＋041.3～SH（3）78＋096.3。

（3）梁北镇工贸公司煤矿采空区。该矿采空区分布于渠道下边，面积为194086m²，沿总干渠长度907m，所采煤层厚度为0.69～1.04m，煤层底板标高为－100.00～＋20.00m，地面标高为＋126.00～＋142.00m，煤层埋深106～242m。该矿采空区多为20世纪90年代所形成，但近年来仍有开采。采空区通过相应的设计桩号为SH（3）78＋253.3～SH（3）79＋160.3。

（4）梁北镇福利煤矿采空区。该矿采空区分布于渠道下边，面积为16389m²，沿总干渠长度406m，所采煤层厚度为1m左右，煤层底板标高为±0.00～＋50.00m，地面标高为＋134.00～＋140.00m，煤层埋深90～134m。该矿采煤时间为1999—2001年，采空区通过相应的设计桩号为SH（3）79＋160.3～SH（3）79＋566.3。

2. 特征

上述采空区有以下主要特征：

（1）采空区场地地形较平坦开阔，采空区上部的覆岩为缓倾斜岩层，岩性主要是二叠系下石盒子组软质泥岩为主，夹薄层砂岩，软硬岩互层组合比例约3∶（1～5）∶1。

（2）煤层走向近EW向，采空区呈东西向条带状分布。根据现场调查，开采后的覆岩变形符合“三带型”移动盆地的特征，地表变形在时间和空间上以连续变形为主。钻孔揭示，从采空区底板算起，冒落带厚3.5～6m，断裂（裂隙）带厚度一般为25～40m，裂隙带与冒落带总厚度为30～46m，平均总厚约40m，弯曲带直达地表。

（3）采空区多为一层，按开采深厚比 H/M 划分，属中深层的缓倾斜采空区（$70<H/M<260$）。原新峰矿物局二矿采空区为20世纪60年代形成的，为长壁陷落法或短壁陷落法开采，已于1965年关停，其余均为90年代以后小煤矿开采形成，开采方式多为巷道式，截至2005年已全部停采。

（4）根据采空区的地形地质条件、采矿方法、覆岩力学特性、煤层赋存条件、开采时间，以及监测资料、地质钻探资料和国内外采空区成果与经验综合分析认为：原新峰矿务局二矿采空区处于移动衰退期过后30余年的残余变形期，残余变形量较小；其他采空区移动延续期基本结束，地表变形处于残余变形期，总体上基本稳定，但局部存在变形现象，残余变形量不大。

（5）鉴于在采空区上修建水利工程的经验还不多，采空区地表变形机理和过程非常复杂，特别是南水北调中线工程十分重要，考虑到采空区地表在未来渠道运行过程中还会有一定的残余变形，为保证工程安全万无一失，对采空区进行加固处理是必要的。

1.3.5.2 采空区治理

通过对多种方案比选，对煤矿采空区采用注浆法加固处理。

按《建筑物、水体、铁路及主要井巷煤柱留设与压煤开采规程》（1986年版）中的垂线法圈定保护煤柱边界，然后与采空区的实际区域取交集，确定注浆的处理范围，如图1.3－18所示。

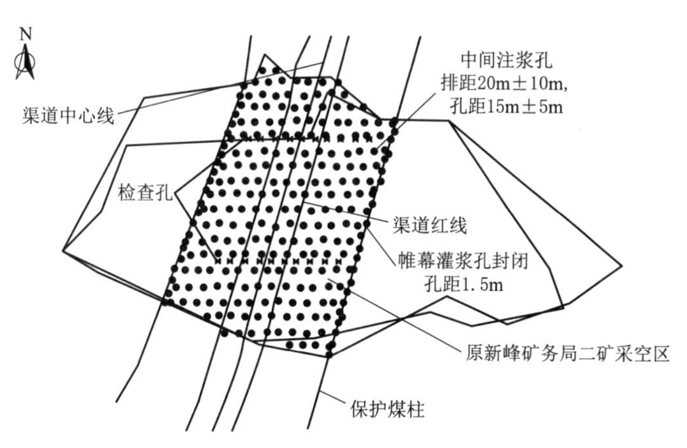

图1.3－18　原新峰矿务局二矿采空区处理范围图

注浆施工时，先进行四周的帷幕孔注浆，再进行中间孔注浆。经过现场注浆试验并结合国内外经验，确定采空区灌浆处理参数及相关要求如下：

（1）充填灌浆的孔排距采用18m，帷幕灌浆孔距为2.5m。

（2）充填灌浆及帷幕灌浆孔口控制压力采用1MPa；灌浆结束标准采用孔口控制压力1.0MPa，注入率不大于10L/min，稳定10min结束。

（3）为提高浆液的结石率，充填注浆浆液水固比由1∶1调整为0.8∶1。当单孔注浆总量达5000L时，应间歇2h后再继续灌浆，以后每增加5000L均应间歇2h后续灌，直至达到闭浆标准。

采空区共完成注浆孔进尺73.89万m，平均单位耗浆量为1627.58kg/m。

1.3.6 深挖方渠段

深挖方渠段是指挖深超过15m的渠段。总干渠深挖方渠道断面如图1.3－19所示。

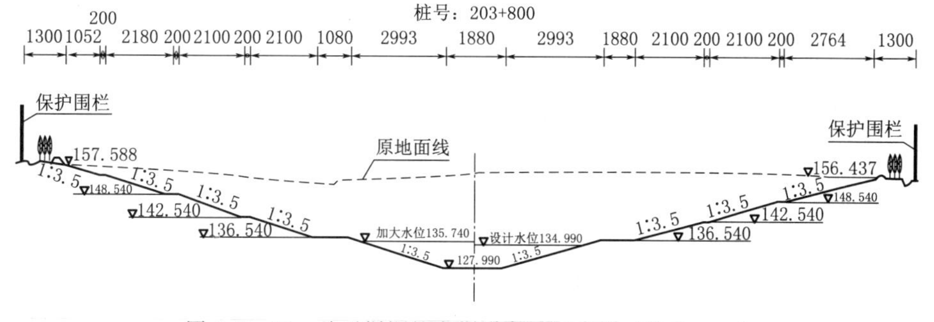

图1.3－19　总干渠深挖方渠道断面示意图（单位：cm）

1.3.6.1 分布与特征

据统计，南水北调中线一期工程总干渠深挖方渠段共107个，总长233.816km，最大挖方深度47.5m。深挖方渠段主要分布在过岗段和丘陵段，以土质渠道为主，部分为土与新近系软岩组成的渠道，局部为硬岩渠道。

总干渠深挖方渠段具有以下特点：

(1) 组成深挖方段的地层岩性主要是膨胀岩（土）和黄土状土，在全部107个深挖方段中分别有64段和24段，占82%。因此，深挖方段的地质条件具有复杂性，特别是由膨胀岩（土）组成的深挖方渠段，渠坡稳定问题最复杂，也最突出。如淅川段桩号8+023～12+700，主要由Q^{dl}、Q_2、Q_1多层黏土组成，其中Q^{dl}、Q_2上部粉质黏土具弱膨胀性，Q_2下部粉质黏土及底部Q_1粉质黏土具中膨胀性，土体裂隙发育，Q_2/Q_1界面处发育长大裂隙密集带，施工过程中在Q^{dl}/Q_2界面、Q_2土体中裂隙和铁锰质结核富集层等多处有地下水渗出。该段地质条件复杂，边坡稳定性差，施工过程中发生过14处小滑坡，基本是都与地下水、长大裂隙、层面等密切相关。

(2) 在深挖方渠段中，有28段为高地下水位，表明地下水是影响渠坡稳定的重要因素。地下水对深挖方渠道安全的影响除前述的过水断面外，还存在一级马道以上边坡稳定问题。总干渠地下水类型多种多样，包括孔隙潜水、裂隙性潜水、膨胀岩（土）区上层滞水、层间承压水，局部渠段还有岩溶水，对渠道的影响需要区别对待。

(3) 控制边坡稳定性的主要因素是地层岩性、膨胀岩（土）的特性和长大构造、岩层的构造产状与风化状态等。对于硬岩渠道，主要是结构面控制渠坡稳定，如邢台段桩号K875+912～K877+279，渠道由奥陶系马家沟组灰岩组成，渠段挖深15～34m，左侧边坡为顺向坡，发育一条顺坡向断层破碎带，施工期曾发生滑坡，但滑体清理不彻底，后来又在左岸边坡上部出现开裂，导致断层上盘遗留部分发生位移。

(4) 深挖方渠段绝大部分与膨胀岩（土）、高地下水位、湿陷性黄土等互相交织，相互依存，其过水断面即一级马道以下的主要处理措施与前述膨胀岩（土）、高地下水位、湿陷性黄土渠段等渠段基本相同。对深挖方渠段，除要做好前述过水断面部分的处理与加固以外，还必须做好一级马道以上渠坡的加固处理，两者是一个整体，需要统筹考虑。

1.3.6.2 工程处理措施

深挖方渠段的工程处理措施一般从3个方面考虑：①放缓边坡，减轻荷载；②增加支撑，加固边坡；③加强排水，降低地下水位。三者有机结合，统筹安排，体现技术可行、经济合理、安全可靠的原则。

关于放缓边坡，边坡越缓，征地占压代价越大，而且不能无限放缓，为此总干渠单级坡以1∶3.5为限，当达到1∶3.5仍不能满足要求时，通过增加其他措施解决边坡稳定问题。下面着重论述一下排水、支护和坡面防护措施。

(1) 排水措施。当地下水位高于一级马道时，需要考虑排水措施。总干渠采用了集水井和排水孔两种排水方式。

当渠坡较高，且大范围存在高地下水位或通过排水孔不能满足要求时，沿二级马道按一定间距布置集水井，井壁上按梅花形布置PVC管集水，井底铺反滤层，高程和与一级马道相当，利用排水管将集水井内的水排入一级马道的纵向排水沟内，其结构如图1.3-20所示。淅川段桩号8+023～12+700渠段采用了这种排水形式。该段渠道最大开挖深度为47m，为总干渠之最，由多层膨胀岩（土）组成，裂隙发育，地下水丰富，边坡稳定问题十分突出。设计采用了综合处理措施，二级、三级、四级边坡为1∶2.5，其他各级边坡包括过水断面边坡均为1∶3.0，一级马道宽5m，四级马道宽50m，其他马道宽2m。在二级、五级马道上布置了两排集水井，纵向间距10m。施工期间，又在过水断面增加抗滑桩+坡面梁措施，在二级以上边坡增加了抗滑桩等措施，保证边坡的稳定。

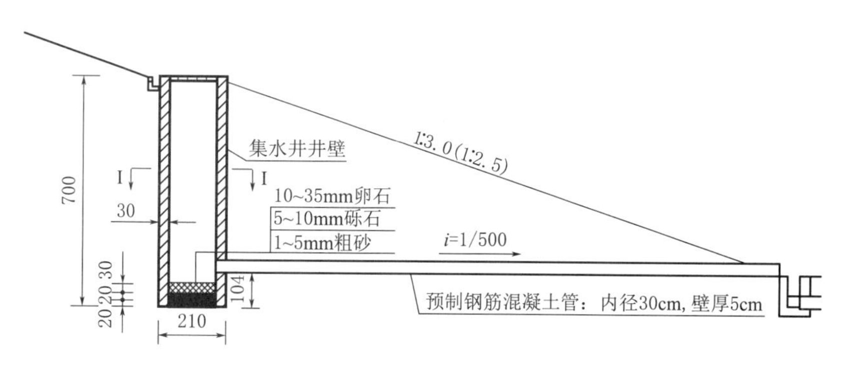

图1.3-20 集水井结构图（单位：cm）

对于一级马道以上局部存在的地下水，大多数是通过坡面排水孔进行排水。

（2）支护措施。主要是对陶岔—沙河南段强膨胀岩（土）及挖深超过15m的中膨胀岩（土）渠段采取了边坡加固措施。主要包括：①在过水断面布置抗滑桩+坡面梁进行加固；②对于一级马道局部支护措施，当一级马道以上渠道边坡高度超过9m，且一级马道及以下3m深度范围内为中、强膨胀岩（土）时，布置抗滑桩对一级马道外侧坡体进行支撑，对一级马道以下3.5m深度范围内的中、强膨胀岩（土）采用水泥土换填，水泥土水泥掺量10%；③一级马道以上岸坡局部支护措施，当一级马道以上的坡高大于9m时，如果岸坡上存在长度大于15m的陡倾角裂隙与缓倾角裂隙组合部位及长度大于30m的缓倾角裂隙，采用小型树根桩支护或坡面梁+土锚支护。

（3）坡面防护措施。挖方渠道一级马道以上边坡高度小于2m，填方渠道填高小于3m的外坡采用草皮护坡。坡高2～12m的填方渠段外坡采用浆砌块石框格（或C20混凝土框格）+植草护坡，浆砌块石框格边长3m，骨架宽40cm，厚50cm，其中40cm埋于渠坡表面以下。骨架表面设排水槽，沿浆砌块石框格将坡水排入马道上的纵向排水沟。

一级马道以上边坡高度大于2m的挖方渠段采用浆砌块石拱+植草护坡。浆砌块石拱宽3m，高3m，骨架宽40cm，厚50cm，均埋于渠坡以下。骨架表面设混凝土排水槽，沿浆砌块石拱将坡水排入马道上的纵向排水沟。排水槽宽30cm、深10cm。

1.4 不良地质渠段的运行情况

1.4.1 运行初期出现的问题

（1）邓州管理处桩号K8+023～K13+450渠段。渠基及渠坡为中膨胀岩（土），开挖深度 23～47.5m。工程处理措施包括换填水泥改性土、设置抗滑桩和边坡排水系统等。在实施过程中，对桩号左岸 K8＋740～K8＋860、左岸 K9＋100～K9＋500、右岸 K8＋216～K8＋377、右岸 K9＋263～K9＋500、右岸 K9＋100～K9＋500 和右岸 K9＋263～K9＋500 渠段，渠道上部边坡未设置抗滑桩。

在运行过程中，K8＋740～K8＋860 左岸渠坡疑似滑坡变形，采取了伞形锚加固。K9＋100～K9＋500 左、右岸未设置抗滑桩，边坡上部框格梁发生裂缝，土体未见裂缝。K8＋216～K8＋377 右岸渠坡疑似滑坡，进行了开挖减载。K9＋263～K9＋500 右岸边坡上部 2016 年发生变形，采取了抗滑桩加固。另外，个别混凝土衬砌板出现隆起、开裂现象，采取袋装碎石压重处理。边坡个别部位有地下水渗出现象。

通过分析上述渠段监测资料发现，K8＋700 和 K10＋300 监测断面，个别时段存在地下水位超过渠段运行水位 1m 的情况，存在地下水排水不畅问题，这也和渠道存在个别衬砌板隆起相吻合。测斜管监测资料显示，K8＋700 断面左岸累计变形 20mm，右岸最大变形 38.5mm，如图 1.4-1 所示；10＋300 断面左岸四级马道最大变形量 62mm，如图 1.4-2 所示。这些变形深度主要在 1.5m 范围内，主要和膨胀岩（土）受大气影响胀缩有关，未发现深部变形迹象，这也和地表框格梁产生裂缝相吻合。对于个别边坡部位渗水现象，是由于边坡由多层土组成，各土层渗透系数存在差异，存在上层滞水情况，边坡局部排水不畅引起地下水从坡面渗出。

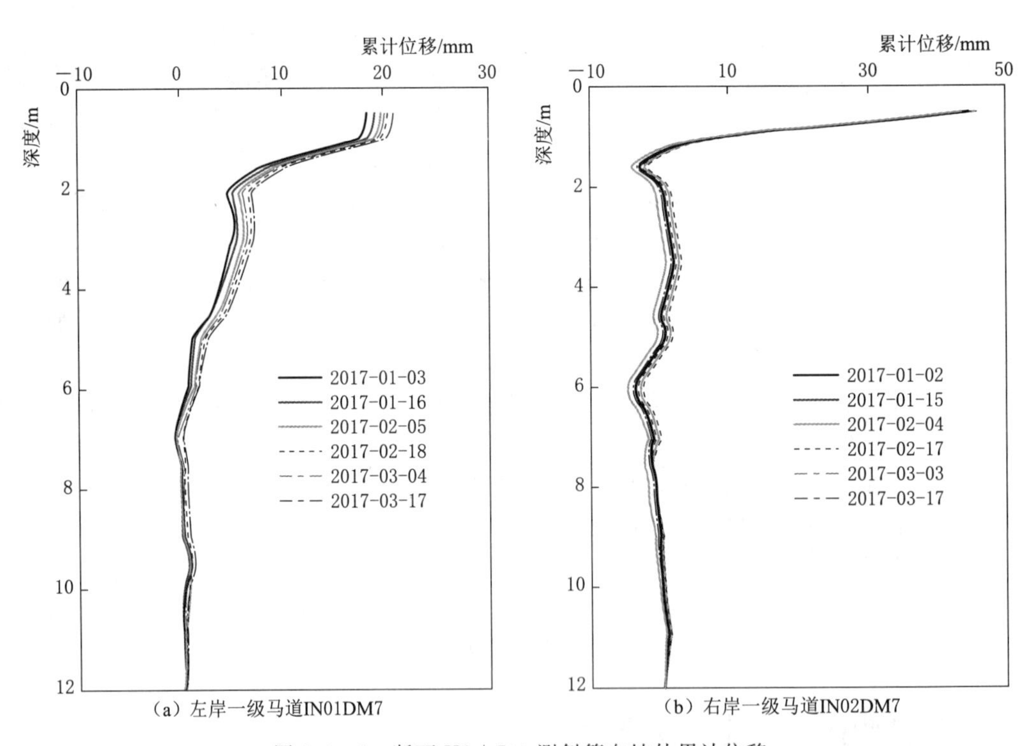

图 1.4-1 断面 K8＋700 测斜管向坡外累计位移

（2）方城管理处 5 处衬砌板隆起现象。方城管理处桩号 K155＋300 处渠坡由弱膨胀岩（土）组成，属深挖方渠段，最大挖深 18.5m。工程处理措施包括换填水泥改性土，设置边坡排水系统。运行过程中，出现5处衬砌板隆起现象，可能与边坡局部排水不畅引起地下水位顶托衬砌板有关。

(3) 河南辉县管理处桩号K598+187～K599+187段左侧渠道边坡，边坡中部分布较厚的砂卵砾石层，施工开挖未见地下水位。为防止渠道渗漏，设计采取换填3.7m黏土层防止渠水外渗。2016年7月9日强降雨，导致左侧边坡砂砾石层饱和，在承压水头作用下边坡发生大范围变形滑坡和衬砌板较大位移。2016年7月13日上午，各方现场查勘后发现韭山桥上游段左岸路面沉陷、衬砌板破坏。主要原因是该渠段为深挖方，下部有强透水卵石层，前期特大暴雨导致卵石层内水压力增大，从换填层与基础之间渗出，并通过路面下部进入衬砌板底部，引起路面塌陷，衬砌面板隆起。为此，现场抢险采用压重维持边坡稳定并增加了排水孔，进行排水减压。

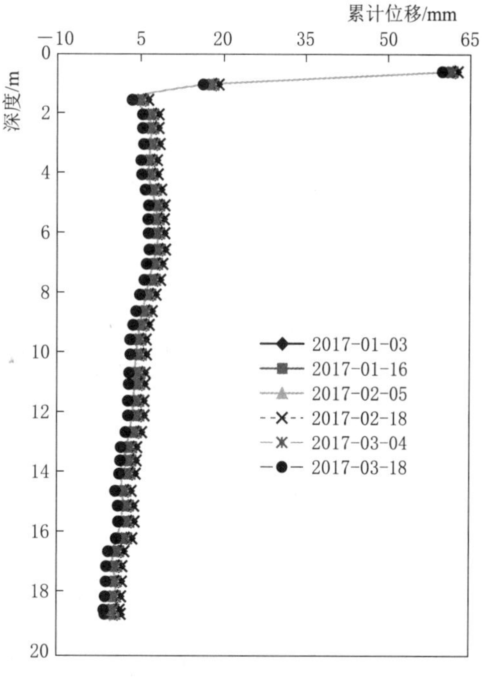

图1.4-2 断面K10+300左岸四级马道测斜管向坡外累计位移

(4) 鹤壁管理处桩号K664+284～K667+288深挖方渠段，约2km长度范围内边坡存在渗水现象，如图1.4-3所示。

图1.4-3 鹤壁管理处桩号K665+000处约2km长度深挖方渠道边坡渗水

(5) 邯郸管理处桩号K772+987～K773+087渠段，发生强膨胀岩（土）滑坡，如图1.4-4所示。

(6) 临城管理处桩号K896+309～K897+569渠段，由中膨胀岩（土）组成，左岸一级马道以上边坡发生滑坡，如图1.4-5～图1.4-6所示。

（a）初期滑动现场

（b）初期滑塌后缘

（c）一级马道路面受滑坡影响变形

（d）衬砌板隆起开裂

图1.4-4 强膨胀岩（土）滑坡

图1.4-5 邢台临城段一级马道以上滑坡

图 1.4-6　邢台临城段中膨胀岩（土）浅层滑坡

（7）石家庄段市区段方台北桥南侧桩号 231 附近，二级马道上部边坡出现 5m 长裂缝，下部衬砌板产生隆起开裂，初步分析是由高地下水位引起的，采取编织袋装碎石压重处理，如图 1.4-7 所示。

图 1.4-7　石家庄段方台北桥南侧桩号 231 附近下部衬砌板隆起开裂

（8）临城和邢台交界处西邵明生产桥附近深挖方渠段，由于防洪堤高度不够，洪水漫顶冲毁边坡，造成外部洪水冲毁渠坡，如图 1.4-8 所示。

1.4.2　总体认识

通过现场调研和对相关资料的分析、研究，并结合近几年的运行情况，总体认为总干渠包括不良地质渠段运行情况良好，未出现渠道因不良地质条件导致边坡出现问题而影响

图 1.4-8 外水入渠冲毁边坡情况

供水的现象。个别渠段出现的问题，都得到了及时处理，没有影响工程正常运行。主要有以下几点认识：

（1）从目前运行情况看，膨胀岩（土）渠段工程处理的施工质量满足设计要求，未发现存在施工质量问题。膨胀岩（土）具有胀缩性，对水极为敏感，且裂隙发育，甚至发育有长大裂隙，且层面或裂隙密集带有地下水，渠坡稳定条件极其复杂，特别是由中、强膨胀岩（土）组成的深挖方渠段更复杂，是需要长期关注的重点。

（2）湿陷性黄土渠段，近几年运行期间未发现问题，表明处理措施得当，渠道基本稳定。

（3）砂土液化渠段，无论填方渠道还是挖方渠道，均未发现渠道出现变形和渠道渗漏问题，除非发生超过地震基本烈度的强震，总体安全性较好。

（4）高地下水位渠段，运行期间出现过一些问题，如衬砌板的隆起、开裂、滑坡等，因此控制地下水位在设计变幅之内及保障排水措施的有效性是保证渠坡稳定的重要措施。

（5）煤矿采空区渠段，从前期选线情况看，线路基本位于采空塌陷基本稳定区内，并对采空区进行了注浆处理，处理质量基本满足设计要求。变形监测资料表明，虽然有一定的变形量，但变形值在设计容许范围内，且地表观察没有变形、开裂现象，说明渠道是安全的。

（6）深挖方渠段，当与膨胀岩（土）或高地下水位组合时，出现过渠道边坡变形和衬砌板局部隆起、开裂。这也是运行期间需要关注的重点之一。

第2章

风险评估工作基础

2.1 风险基本概念

2.1.1 风险

《风险管理 术语》（GB/T 23694—2013）认为，风险（risk）是不确定性对目标的影响。风险的“不确定性”（uncertainty）是指对事件发生的可能性、原因及其后果的信息缺失或片面认识的状态；“目标”（objective）是指不同方面和层次的预期，包括人身、财产的安全以及环境等目标；“影响”（goals）是指预期的偏离情况，可以是正面和（或）负面的影响。通常用潜在事件、后果或者两者组合来区分风险，用事件后果及其发生可能性的组合来表示风险。对于工程项目而言，“风险”是在一定的时间和空间条件下，使目标偏离的事件发生的可能性与严重性的组合，多指偏离目标的负面影响。

风险具有以下的性质：

（1）客观性。所谓客观性就是指风险是不以人的意志为转移并超越人们主观认识的客观存在，风险是无处不在、无时不有的，这就包含了风险具有普遍性、必然性的含义。

（2）不确定性。风险事件的发生具有不确定性；风险发生的时间、地点、及发生的可能性往往具有不确性，有时有一定偶然因子；风险事件的原因、表现形式等也存在不确定性；再有就是对于风险后果存在哪些方面的影响以及影响严重性和程度也存在不确定性。

（3）不利性。风险的各种表现形式，诸如失事、损失等对风险主体都是不利的，这种不利可能转化为人员伤亡、经济损失、社会效益损失等。

（4）相对性。根据前述风险的定义可以看出，风险事件的发生是在一定的时空范围和外部条件下发生的，任何风险主体在不同时空条件和外部条件下发生的风险事件的原因、结果等要素是不同的，因而对风险的研究都是在一定条件下的来进行的，也就是风险具有相对性，或者说风险的有条件性。

（5）风险与收益的对称性。风险是收益的代价，收益是风险的报酬，风险和收益是相辅相成的。一般来说，风险越小，收益越低；反之风险越大，收益越高。这个规律也叫“风险收益均衡原理。”

2.1.2 风险评估

风险评估（risk assessment）是指在某风险事件发生之前或发生后结束前，对该事件给人们的生命、生活、财产及有关工程活动等各个方面造成负面影响和损失的可能性进行量化评估的工作。即风险评估就是量化评估某一事件或事物带来的负面影响或损失的可能程度。旨在为有效的风险应对提供基于证据的信息和分析。风险评估是风险管理的重要组成部分，是风险控制的前提（图 2.1-1）。

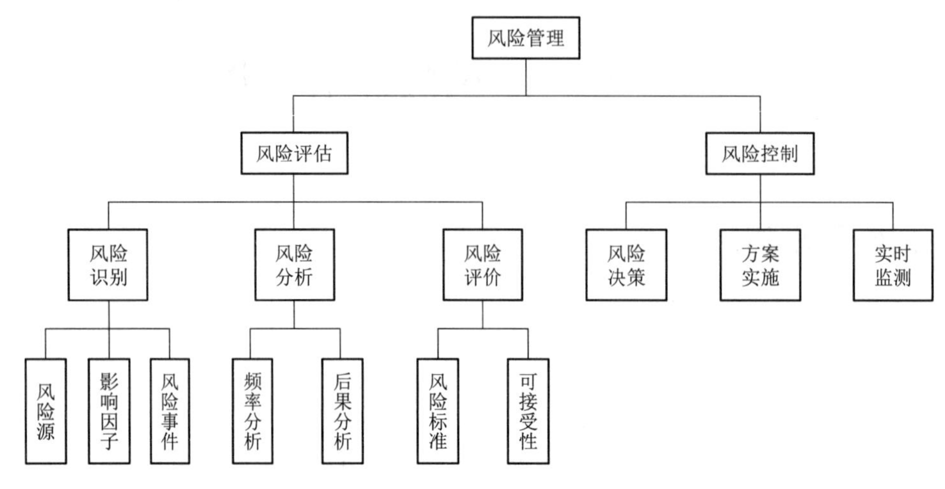

图 2.1-1 风险管理体系结构

2.1.2.1 风险评估的步骤

《风险管理 术语》（GB/T 23694—2013）中风险评估的定义是包括风险识别、风险分析和风险评价的研究过程。《风险管理 风险评估技术》（GB/T 27921—2011）中指出风险评估包括风险识别、风险分析和风险评价三个步骤：

（1）风险识别是指在风险事件发生之前，运用各种方法，通过系统、全面的考察和了解，发现、列举和描述可能面临的各种风险源、风险事件、潜在原因（内因和外因）和潜在后果。其目的是确定可能影响系统或组织目标得以实现的事件或情况。风险识别可能包括：基于证据的方法、系统性的团队方法、归纳推理技术等。

"风险源"（risk source）是指可能单独或者共同引发风险事件的要素。在本书后面的南水北调中线工程不良地质段风险评估中采用风险因子的概念。

"事件"（event）：有时也称"事故"，是指某一类情形的发生或变化。事件可以是一个或多个情形，并且可以由多个原因导致。事件也可以包括没有发生的情形，没有造成后果的事件还可称为"未遂事件"。

"后果"（consequence）是指对目标影响的结果。一个事件可以导致一系列后果。后果可以是确定的，也可以是不确定的，对目标的影响可以是正面的，也可以是负面的。本项研究对后果的定义一般指偏离目标的影响。

（2）风险分析是系统地使用既有信息，识别出导致风险的风险源、潜在原因、风险事件的正面和负面后果及其发生的可能性、影响后果及可能性的因子、不同风险及其风险源的相互关系、风险性质及风险等级的过程。风险分析是风险评价和风险应对决策的基础。

风险分析包括风险频率分析和风险后果分析。风险频率分析是指通过对风险发生的潜在原因的认识和了解，根据经验和数据计算，对风险事件发生的频率进行专家判断及预测。风险后果分析是指根据风险事件类型、发生频率及其与人们生命财产等的关系，运用定性、定量的方法归纳分析风险事件可能造成的负面影响类型及影响程度。

在风险分析中，应考虑组织的风险承受度及其对前提和假设的敏感性，并适时与决策者和其他利益相关者有效地沟通，另外，还要考虑可能存在的专家观点中的分歧及数据和模型的局限性。根据风险分析的目的、获得的信息数据和资源，风险分析可以是定性的、半定量的、定量的或以上方法的组合，一般情况下，首先采用定性分析，初步了解风险等级和揭示主要风险。适当时，进行更具体和定量的风险分析。

后果和可能性可通过专家意见确定，或通过对事件或事件组合的结果建模确定，也可通过对实验研究或可获得的数据的推导确定。对后果的描述可表达为有形或无形的影响。在某些情况下，可能需要多个指标来确切描述不同时间、地点、类别或情形的后果。

（3）风险评价是指对比风险分析的结果和风险等级，已确定风险和（或）其大小是否可以接受或容忍的过程。即风险评价包括将风险分析的结果与预先设定的风险准则相比较，或者在各种风险的分析结果之间进行比较，确定风险的等级。评价过程中，道德、法律、财务以及包括风险感知在内的其他因子，也是决策的参考信息。

2.1.2.2　风险评估的作用

《风险管理　风险评估技术》（GB/T 27921—2011）中提出，风险评估的主要作用包括：①认识风险及其对目标的潜在影响；②为决策者提供相关信息；③增进对风险的理解，以利于风险应对策略的正确选择；④识别那些导致风险的主要因子，以及系统和组织的薄弱环节；⑤沟通风险和不确定性；⑥有助于建立优先顺序；⑦帮助确定风险是否可接受；⑧有助于通过事后调查来进行事故预防；⑨选择风险应对的不同方式；⑩满足监管要求。

2.1.2.3　风险评估方法

在实际工作中，对一个目标的评估通常要涉及多个因子或多个指标，评估是在多因子相互作用下的一种综合判断。风险评估的依据是指标，由于影响评价事物的因子是众多复杂的，仅从单一指标上对事物进行评价就不尽合理，因此往往需要将反映评价事物的多项指标加以汇集，得到一个综合指标，从整体上反映评价事物的情况，这就是多指标综合评价方法。多指标综合评价方法具备以下特点：①评价包含若干个指标，这些指标分别说明被评价事物的不同方面；②评价方法最终要对被评价事物做出一个整体性的判断，用一个总指标来说明被评价事物的水平。

综合评估方法首先要确认评价对象和评价目标，构建综合评估指标体系，选择定性或定量评价方法，选择或构建综合评估模型，分析综合得出结论，提出评估报告等。20 世纪 50 年代末期发展起来的系统安全工程推动了风险评价技术的发展，随着新评估方法的不断产生，对工程风险分析向综合性、全面和多维方向发展，经过数十年的理论研究与探讨以及在实践中的应用，学术界统一认为工程风险评估是一个系统工程。一个合适的风险评估方法应具备以下特征：①适应组织的相关情况；②得出的结果可加深对风险性质及如何应对风险的认识；③应能按可追溯、可重复及可验证的方式使用。

2.1.3 风险控制

风险控制又叫风险决策，是指风险管理者通过风险识别、风险分析、风险评估确定系统存在的风险因子和风险程度，并通过采取相关措施有效控制风险因子，以达到减少风险频率和损失幅度的目的。根据风险处理的方式，可将风险决策分为以下几种：

（1）风险回避。风险回避是在风险分析和评估之后、风险发生之前采取的一种彻底规避风险的做法，即断绝风险的来源。一般适用于两种情况：一是风险损失大且发生的频率高；二是采取风险对策的成本高于产生的效益。

（2）风险预防。风险预防是一种直接针对风险本身进行预防与减少风险损失的对策，通过对辨识出的风险因子逐一提出技术可行、经济合理的预防措施，以尽可能低的风险成本来降低风险发生的可能性，并将风险损失控制在最低程度。可针对决策、设计和实施阶段提出不同的风险控制措施，防患于未然。一般包括工程措施和非工程措施两个方面，前者是通过工程技术措施减少风险损失，如加固地基以减少建筑物失稳的风险，后者是通过非工程措施，如优化运行调度方式、提高管理水平、加强工程安全监测等，减少风险损失。

（3）风险转移。风险转移是一种试图将可能面临的风险转移给他人承担，以避免风险损失的一种方法。包括两种方式：一是将风险源转移出去，如将风险大的工程项目转给他人承包建设或经营；二是把部分或全部风险损失转移出去，如通过购买商业保险的形式实现风险转移。

（4）风险自担。风险自担就是将风险损失留给项目投资者自己承担。这种方式适用于：①已知有风险，但由于可能获利而需要冒险时，必须保留和承担这种风险；②已知有风险，但若采用某种风险措施，其费用支出会大于自担风险的损失。

（5）风险分散。风险分散是指将所面临的风险损失，人为的分离成许多相互独立的小单元，从而减少同时和集中受损失的概率，以期达到缩小损失幅度的目的。采用此对策时，尽可能地把风险源和潜在风险进行空间隔离、时间错开，以达到降低风险后果最大值。

（6）风险合并。风险合并是指把分散的风险集中起来以增强风险承担能力。适用于高风险行业，例如，除采取其他风险对策外，可采取由政府、行业部门、企业等共同建立风险基金，将一个企业难以承受的风险合并起来共同承担。

（7）风险修正。风险修正是指项目决策时依据用风险报酬率修正过的项目评价指标，权衡了风险和效益两个方面，使决策更为科学合理。

以上所有的风险对策并不是互斥的，在实际应用中常常根据工程项目情况，采用多种对策组合使用。

2.2 国内外风险评估现状

2.2.1 风险理论发展

根据文献记载，“risk”一词最早出现于 16 世纪的罗马（Bernstein et al.，1996）。早在1895年，John Haynes在其著作*Risk as an Economic Factor*中指出：风险代表着不利结果的可能性，而不确定性则是风险的重要特征。1901年，哥伦比亚大学学者Allan H. Willett将风险定义为人类不希望发生的事件发生的不确定性的客观体现。这个定义被后续学者们作为风险问题研究的基础，确定了风险的客观存在性，以及不确定性在风险研究中的核心地位。1922年，美国经济学家Frank H Knight在Willet风险理论基础上进一步对风险和不确定性进行明确的阐述，指出风险与不确定性的区别——风险是可测的，不确定性是不可测的。

第二次世界大战以后，风险评估作为一门学科发展。1949年第一部关于可靠性和风险分析方法的标准（*Failure Mode and Effects Analysis*，*FMEA*）正式颁布。此标准的目标是将风险和可靠性的思想集成到新产品开发中，避免产品在实际使用的时候失效。20世纪50年代末期发展起来的系统安全工程推动了风险评价技术的发展。日本引进风险管理及系统安全工程的方法虽然较晚，但发展很快，已经在电子、航空、铁路、公路、原子能、汽车、化工、冶金等领域大力开展了研究与应用。

1924年美国保险学教授Solomon S Huebner在人的生命价值理论中提出风险管理的理念之后，1956年Gallaghe R B在《费用控制的新时期—风险管理》（*Risk Management*，*New Phase of Cost Control*）中正式提出"风险管理"这一概念。1963年Mehr & Hedges在*Journal of Risk & Insurance*中发表的*Risk Management in the Business Enterprise*一文，以及Williams & Heins在1964年出版的*Risk Management and Insurance*一书，引起欧美各国的普遍重视。概率论和数理统计的运用，风险管理的研究逐步趋向系统化、专门化，使风险管理从经验走向科学，标志着风险管理作为一门新兴综合性学科的产生。20世纪70年代，伴随着产品责任制、环境约束、政府部门大规模干预工厂的设计、建造和运转程序等各种情况，产生了风险分析这一新的技术。在风险分析与管理发展初期，风险科学主要应用于保险业和企业管理，进入20世纪70年代后，对风险进行的研究更加丰富。

1980年，美国风险分析协会（The Society of Risk Analysis，SRA）成立，成为风险研究思想交流的重要中心，促进了风险分析与管理理论的迅速发展。为推动风险管理在发展中国家的推广和普及，联合国于1987年出版了关于风险管理的研究报告*The Promotion of Risk Management in Developing Countries*。随着发展中国家社会经济的迅速发展，风险管理越来越引起重视，有关风险管理的研究从美国、英国、德国、日本等发达国家逐渐向发展中国家扩展。1991年，尼日利亚J O Irukull编写的*Risk Management in Developing Country*系统阐述了风险管理的基本理论，并结合发展中国家的国情进行了剖析和说明。

进入21世纪，随着2003年突如其来的SARS疫情、2004年来势凶猛的印度洋海啸、2005年吉化爆炸事故及松花江水污染和2007年太湖水污染、2009年全球H1N1流感大暴发等事件，风险评估真正成为学术界关注的热点。

我国对风险及风险评估的理论研究相对较晚，20世纪70年代，随着安全系统工程的引入，相关科研专家进行了安全评价方法的研究，这是我国安全评价的探索起步阶段。80年代中期以来，随着我国经济的不断发展，国外各种风险管理的理论被引入和应用到建设项目管理中。例如，1987年清华大学郭仲伟教授撰写的《风险分析与决策》(1987)一书详细介绍了风险分析的理论和方法。据国家标准委员会国家标准全文公开搜索系统，我国现行有关风险评估的推荐性国家标准（GB/T）共92项，涉及数学、机械、电器、医药卫生、交通、农业、能源、食品、建筑等18个行业。我国在风险方面的研究总体上处于理论引进、解读和应用探索阶段，正在朝着系统化、规范化的成熟阶段发展。

2.2.2 风险评估在工程领域的应用

工程中存在大量不确定性的因子，是工程风险的来源。工程风险可以是多种致险因子造成的，也可能是由于某一种特定因子造成的。工程风险评估，不仅要估计系统发生风险的概率，还要分析其发生的原因和造成的后果，其核心是如何在不确定的条件下进行合理的决策。

工程领域风险评估始于20世纪的美国，伴随着第二次世界大战后各国经济复苏，出现了一大批军事、能源、水利水电、交通项目，复杂的工程环境使工程项目本身面临极大的不确定性。为此，研究机构和专家、学者们在工程项目规划、建设、施工和运行的过程中开发和研究出各种各样的风险评估方法，给工程风险评估提供了良好的发展前提和应用基础。

(1) 军事与国防工业领域。20世纪的两次世界大战让世界各国充分认识到军事与国防工业对一个国家主权的重要性。在军事和国防工业发展的同时，风险评估同样得到了迅速的发展。1962年，贝尔实验室在为民兵型LGM-30洲际弹道导弹的发射系统进行安全分析的时候，开发出了故障树分析方法，此后故障树分析法在航空航天、核动力、化工制程、制药、石化业及其他高风险产业也得到广泛的应用。

当前国际形势的不确定性和不稳定性更加突出，人类面临的全球性挑战更加严峻，国际上仍然存在生存安全威胁与发展安全威胁、传统安全威胁与非传统安全威胁，以及其他各种形式的国际争端问题。许多国家也发布了多项军事标准和指南，要求根据风险发生的可能性和风险可能的后果对各类风险进行评估，例如，《美国国防部采购风险管理指南》(第六版)(美国国防部，2006)；英国的《战略防务与安全审查2010》和《国家安全战略及战略防务与安全审查2015：一个安全和繁荣的英国》。我国的《中华人民共和国国家安全法》规定，国家建立国家安全风险评估机制，定期开展各领域国家安全风险调查评估。

(2) 核工业行业。用于生产核武器的核设施都建在远离人口密集的地区，而用于商业发电的核电站则需要靠近人口密集区，因此核电行业的安全战略也就变成了深度防护。成立于1946年的美国原子能委员会（The U. S. Atomic Energy Commission，AEC）在1975年重组成为美国核标准委员会（NRC），保证核电站的运行不对公众健康和安全造成风险是其最重要的责任，多年来，NRC发布了大量与核电设施风险评估相关的高质量报告和指南。20世纪70年代美国核电厂发生严重事故促使美国核工业对其管辖的核电站进行系统安全研究，在1975年发布著名的WASH—1400报告中，研究人员建立了基于概率的风险评估方法（Probability Risk Assessment，PRA），PRA成为现代风险评估方法应用的里程碑，也是现代风险评估的基本方法。现代重大工程系统的复杂性、不确定性，基于概率的风险评估基本方法及其衍生方法都给重大工程风险评估提供了广阔的发展基础。

1986年乌克兰切尔诺贝利核电站第4反应堆爆炸和1977—2011年日本福岛核电站多次核泄漏事故都造成了巨大的人员伤亡、环境破坏和经济损失，核电站的安全问题依然是全球关注的重要问题。对核电站工程选址、设计、建设、运行、废弃、核废料处置等全寿命周期的各个阶段进行风险评估也成为了一种常态。国际上与核电行业风险评估相关的主要机构包括国际原子能机构（The International Atomic Energy Authority，IAEA）、原子能委员会（The Nuclear Energy Agency，NEA）、国际核安全咨询专家组（The International Nuclear Safety Advisory Group，INSAG）、美国核标准委员会（NRC）、世界核电运营者协会（The World Association of Nuclear Operators，WANO）等。目前，各国的核电站依然存在不同程度的风险问题，这也表明风险分析及评估方法在实际工程应用中的进一步完善是十分必要的。

（3）化工行业。层出不穷的化学事故促使流程行业的风险评估不断发展，1974年英国化工厂爆炸事故和1976年意大利化学污染事故推动了欧盟于1981年颁布《塞维索指令》法案。此后，印度博帕尔剧毒气体泄漏、瑞士桑多兹化工厂火灾后《塞维索指令》被修正，1996年北海上派珀·阿尔法钻井平台爆炸促使欧盟对《塞维索指令》进行重大修改，形成《赛维索二号指令》（欧盟，1996）。除此之外，澳大利亚和美国也有类似的法规。

（4）船舶与海洋工程领域。1912年“泰坦尼克”号邮轮沉没事件直接导致国际海上人命安全公约（International Convention for Safety of Life at Sea，SOLAS）的诞生。在1974年由71个国家参会第四次修正后颁布的SOLAS公约是各缔约国政府共同制定的统一原则和有关规则，旨在增进海上人命安全。1977年Ekofisk油田布拉沃平台油气泄漏及1980年亚历山大·基兰搬迁式钻井生活平台倾覆沉没事故刺激挪威公司率先在海洋油气行业开展风险评估工作，从1981年开始，挪威石油理事会（The Norwegian Petroleum Directorate，NPD）颁布了《海洋平台安全评估规范》，规范要求所有新建海上平台必须进行详细风险评估，并于1993年再版该规范，更加规范化风险评估方法和过程。此后，其他一些国家也成立相关机构或组织，出台相应的法规、标准和指南，对油气行业风险评估提出一系列要求。

（5）航天与交通领域。美国宇航局（The U. S. National Aeronautic and Space Administration，NASA）在1967年“阿波罗”宇宙飞船事故之后一改对概率风险分析的谨慎态度，开始进行系统性的分析工作。并于2002年发布《面向NASA管理者和工作人员的概率风险评估程序指南》（斯达马特拉托斯等，2002a），全面的概率风险评估称为NASA的常规工作。与航天工业相比，航空、铁路、海运等交通运输行业以及机械设备、环境、经济、社会市政等各个领域与人们日常生活更为密切，有关的管理机构、组织遍布全球各个国家，与安全相关的法律、法规、标准和指南也比较全面，尤其在各行各业的专家学者们经过大量的研究和工程实践后，评估方法和手段更加成熟，结果也更加可靠。

（6）岩土工程领域。岩土工程的主要特点是不确定性和风险性。岩土工程问题涉及地质背景、建筑结构、岩土体特性及周围环境等，岩土工程中很多因子往往难以预先知道，或仅在某种程度上加以预估而无法确切的把握。受勘察技术手段和方法限制，尽管可以通过地质勘察了解岩土体结构及其他地质条件，但较多的是根据相关理论和经验进行估计，不可能彻底认识清楚，根据试（实）验测定也不可能获取岩土体参数真值。由于这种岩土工程本身固有的变异性、模糊性和知识不完备性，以及岩土体条件易受地形地貌、地质、气象环境、人类活动等影响而发生变化的特性，导致岩土工程项目具有极大的不确定性和风险性。

长期以来，岩土工程领域的研究者曾经一直将风险评估视为方法问题，而不是一个科学问题。随着风险科学的不断深入发展，岩土工程研究者发现，把风险仅仅作为方法来理解和研究，已经不能包容其科学内涵，应该通过尝试建立岩土工程系统的风险理论框架，重新定义岩土工程风险概念。安全可靠性是岩土工程领域最值得关注的问题，而不确定性是岩土工程固有的普遍特性，是岩土工程勘察、设计和施工建设难以回避的问题（Christian，2004)，也是岩土工程风险的来源。岩土工程风险评估理论基础包括概率论与数理统计、随机不确定理论、认知不确定理论以及工程可靠性分析理论等。早在1943年Terzaghi创立土力学理论时就考虑了土力学参数的不确定性，风险评估则是一种分析岩土工程设计参数不确定性的重要手段。对工程进行风险评估是岩土工程领域的一个重要发展方向。

20世纪60年代开始，概率论与数理统计理论在应用于岩土工程可靠性分析，并成为分析岩土工程不确定性的理论基础。尽管后来岩土工程引入风险评估方法，专家学者们通过安全系数（安全度)、可靠性（可靠度）及破坏概率等指标来定义岩土工程可能遇到的风险，主要基于工程安全与经济相平衡的理论预测工程风险概率及等级进行岩土工程设计，例如，岩爆风险、围岩变形风险、基础及边坡稳定性风险、洪水风险等灾害类风险。从20世纪末以来，国内外很多学者和研究组织或机构通过重新梳理和系统剖析国际上已有的风险定义，对风险定义进行了重新界定。国际地质科学联合会（IUGC）1997年定义滑坡风险为边坡失事造成灾害损失及其可能性（Cruden et al.，1997)；国际隧道协会(ITA）1997年定义隧道工程风险为特定致灾因子发生的频率及其后果的综合（Eskesen，2004)。上述两个国际组织在界定风险定义时，考虑了工程风险有可能带来的人员伤亡、财产损失和环境破坏等损失，但依然采用概率或频率来定义风险，存在一定的局限性。

进入21世纪以来，在重大岩土工程失事风险后果得到了国际社会的普遍关注的背景下，提出了需要基于技术、环境、经济和社会等建立全面风险评估的框架体系，研究重大工程风险评估理论与方法。以期通过这种全面的风险评估理论和方法为岩土工程风险决策和减灾规划提供科学支持；为岩土工程风险交叉学科发展研究提供基本理论；为重大岩土工程的业主、社会公众、投资者和政府等利益相关者利益平衡和科学决策提供可靠基础和理论依据；能够平衡重大工程短期利益与长期利益、经济与社会效益、生态与环境效益，确保重大岩土工程所在区域经济的可持续发展。国际上很多发达国家和地区，如澳大利亚、加拿大、英国和中国香港等相继成立了岩土工程风险管理部门，颁布了岩土工程风险管理相关的法律法规，或是制定了某类岩土工程风险管理的指南或标准（汪敏等，2002；Fell，2000；van Staveren，2009)。国际隧道协会在2002年撰写了*Guidelines for Tunnel Risk Management*，为隧道工程的风险管理提供了一套参考标准和方法。

近年来，随着我国交通、水利、环境等基建行业的高速发展，对安全和风险的评估也越来越重视，例如，2005年中国土木工程学会召开的第一次全国范围的地下工程安全风险分析研讨会，推动了地下工程安全风险研究的全面开展。为进一步加强工程安全风险管理、有效规避和控制安全风险，国家相关管理机构相继出台一些规定和管理办法：交通运输部分别于2011年和2015年发布《关于开展公路桥梁和隧道工程施工安全风险评估试行工作的通知》和《高速公路路堑高边坡工程施工安全风险评估指南（试行）》，住房和城乡建设部发布的《水力发电工程地质勘察规范》（GB 50287—2016）、《水利水电工程地质勘察规范》（GB 50487—2008）和水利部发布的《堤防工程安全评价导则》（SL/Z 679—2015）、《水库大坝安全评价导则》（SL 258—2017）等对水利水电工程行业的风险评估做出一定要求。国家安全监管总局 国家煤矿安监局于2016年颁布了《煤矿安全规程》（国家安全监管总局令第87号），国家铁路局 国家安全监管总局印发了《复杂地质条件下铁路建设安全风险防范若干措施》等。2019年中国地震局发布的《地震安全性评价管理条例（2019年修正本）》，明确指出必须进行地震安全性评价的建设工程和安全评价要求。

纵观工程风险评估研究和发展历程，20世纪60—70年代是工程风险评估研究的启蒙时期，模糊数学在综合评价中得到了较为成功的应用，产生了特别适合于对主观或定性指标进行评价的模糊综合评价方法。20世纪70—80年代，是现代科学评价蓬勃兴起的时代。在此之间，产生了多种应用广泛的评价方法，如层次分析法、数据包络分析法等。20世纪80—90年代，是现代科学评价向纵向发展的时代，人们对评价理论、方法和应用产生了多方面的、卓有成效的研究，比如，将人工神经网络技术和灰色系统理论应用于综合评价。经过20世纪80—90年代的研究和应用，风险评估的价值逐步体现，各个不同工程领域的相关研究逐渐规范化、标准化，风险评估逐步成为大型项目发展中的例行程序。风险评估理论和方法逐渐从单一学科、单一因子过渡到多学科、多因子综合评估，评估过程从静态分析到动态分析，评估结果也从定性评估发展到定量计算。

进入21世纪以后，在社会和经济高速发展的背景下，国际上出现了一些新的风险分析与风险评价方法。目前，还没有任何一种风险分析和评估方法可以解决所有安全风险问题，在实际工程应用中，更多的是根据工程特点选用几种风险评估方法进行组合应用。在岩土工程领域，相关规范规程和文件主要集中在对风险评估内容的要求上，而相关的评估理论和具体风险评估方法关注相对较少。尽管部分专家学者也做了相关的探索和研究，然而大多数是聚焦在风险评估方法的引进和应用上，在风险评估理论和方法的创新依然比较鲜见。

随着，“互联网+”和“共享”时代的到来，一些新兴的行业不断涌现，风险评估及风险管理所涉及的组织因子、时效性和也将随之变化。在未来的发展中，随着学科交叉、融合和新型学科的诞生及发展，风险分析和评估的思维和手段进一步开拓，新的风险评估技术将会出现。无论科技发展到什么程度，风险评估都会是未来发展历程中的重要部分。

2.3 风险评估常用方法

2.3.1 风险评估方法概述

据不完全统计，风险评估方法有数十种。《风险管理 风险评估技术》（GB/T 27921—2011）列举出了32种常用的风险评估方法，并按风险识别、风险分析、风险评价三个子过程划分各种评估方法的适用性，见表2.3-1。

表 2.3-1 风险评估方法及适用性

序号	风险评估技术	风险评估过程				风险评价	是否定量	影响因子		
		风险识别	风险分析					资源与能力	不确定性的性质与程度	复杂性
			后果	可能性	风险等级					
1	头脑风暴法	SA	A	A	A	A	否	低	低	低
2	结构化/半结构化访谈	SA	A	A	A	A	否	低	低	低
3	德尔菲法	SA	A	A	A	A	否	中	中	中
4	情景分析	SA	SA	A	A	A	否	中	高	中
5	检查表法	SA	NA	NA	NA	NA	否	低	低	低
6	预先危险性分析（PHA）	SA	NA	NA	NA	NA	否	低	高	中
7	失效模式和效应分析（FMEA）	SA	SA	SA	SA	SA	是	中	中	中
8	危险与可操作性分析	SA	SA	A	A	A	否	中	高	高
9	危害分析与关键控制点（HACCP）	SA	SA	NA	NA	SA	否	中	中	中
10	结构化假设分析（SWIFT）	SA	SA	SA	SA	SA	否	中	中	任何
11	风险矩阵（risk matrix）	SA	SA	SA	SA	A	是	中	中	中
12	人因可靠性分析（HRA）	SA	SA	SA	SA	A	是	中	中	中
13	以可靠性为中心的维修（RCM）	SA	SA	SA	SA	SA	是	中	中	中
14	压力测试	SA	A	A	A	A	是	中	中	中
15	保护层分析法	A	SA	A	A	NA	是	中	中	中
16	业务影响分析	A	SA	A	A	A	否	中	中	中
17	潜在通路分析（SA）	A	NA	NA	NA	NA	否	中	中	中
18	风险指数	A	SA	SA	A	SA	是	中	低	中
19	故障树分析法	A	NA	SA	A	A	是	高	高	中
20	事件树分析	A	SA	A	A	NA	是	中	中	中
21	因果分析	A	SA	SA	A	A	是	高	中	高
22	根原因分析	NA	SA	SA	SA	SA	否	中	低	中
23	决策树分析	NA	SA	SA	A	A	是	高	中	中
24	蝶形图法（bow-tie）	NA	A	SA	SA	A	是	中	高	中
25	层次分析法	NA	A	A	SA	SA	是	中	任何	任何
26	在险值法	NA	A	A	SA	SA	是	中	低	高
27	均值-方差模型	NA	A	A	A	SA	是	中	低	中
28	资本资产定价模型	NA	NA	NA	NA	SA	是	高	低	高
29	FN 曲线	A	SA	SA	A	SA	是	高	中	中
30	马尔可夫分析法	A	SA	NA	NA	NA	是	高	低	高
31	蒙特卡罗模拟法	NA	NA	NA	NA	SA	是	高	低	高
32	贝叶斯分析	NA	SA	NA	NA	SA	是	高	低	高

注 SA 表示非常适用，A 表示适用，NA 表示不适用。

根据评估因子权重和评估结果的计算形式，可以将评估方法分为主观评估和客观评估两类。主观评估方法是人们研究较早、较为成熟的评估方法。其特点是主要依靠人的经验和主观认识，通过对影响评估主体的各主控因子进行打分，根据一定的计算方法，对评估主体进行综合评估。主观评估方法的缺点是：主观随意性强，无法体现客观环境的特点，不同的专家可能造成的评估结果差异很大，无法达到评估结果的统一性，增加了决策分析者的负担。其优点是：可以很好地反应专家多年的经验认识，体现决策者对不同主控因子的重视程度，一般不至于出现主控因子权重与实际重要程度相悖的情况，在风险防控时可根据经验及时采取相关处理措施。

鉴于主观评估方法的不足，专家们在实际工作中提出客观评估方法，客观评估方法采用的原始数据由各因子在评估方案中的实际数据形成。基本思想是因子权重应当是各因子在所有因子集中的变异程度和对其他因子的影响程度，原始信息应直接来源于客观条件，处理信息的过程应当是深入探讨各因子间的相互联系及影响，再根据各因子的联系程度或各因子所提供的信息量大小来计算其在系统评估中的权重。由于客观评估法主要是根据原始数据之间的关系来确定权重，因此权重的客观性强，且不增加决策者的负担，方法具有较强的数学理论依据。但是客观评估法没有考虑决策者的主观意向，在多因子综合评估决策中，受因子样本量及其属性影响，影响因子权重可能与人们的主观愿望或实际情况不一致，给决策者带来困惑。

根据风险评估影响因子的性质和评估结果形式，可将风险评估方法分为定性评估和定量评估。定性评估是对评估资料作“质”的分析，运用分析和综合、比较与分类、归纳和演绎等逻辑分析的方法，对评估所获得的数据、资料进行思维加工，给出定性结论的价值判断。定量评估是通过把评估指标量化，采用模型和数学统计方法对评估对象做出数量的价值判断的方法。定性评估是定量评估的基础，在定量数据分析前，先要定性判断指标数据的同类性，因为定量评估的量必须是同类的，只有同类型才可比较。

选择合适的风险评估方法，有助于及时、高效地获取准确的评估效果。因此在实践过程中应综合考虑如下内容：

（1）风险评估的目标。这对于使用的方法有直接影响。

（2）决策者的需要。某些情况下做出有效的决策需要充分的评估细节，而某些情况下可能只需要对总体情况进行大致了解。

（3）所分析风险的类型及范围。

（4）后果的潜在严重程度。

（5）专业知识、人员以及所需资源的程度。

（6）信息和数据的可获得性。

（7）修改/更新风险评估的必要性。一些评估结果可能在将来需要修改或更新，因此应优先选择便于调整评估结果的方法。

（8）法律法规及合同要求等。

（9）只要满足评估的目标和范围，应优先采用简单方法，然后才是复杂方法。

2.3.2 常用风险因子识别方法

工程风险可分为内在风险与外在风险。内在风险是指内部客观因子引起的风险，其主要影响因子有工程材料、工程结构型式等因子；外在风险是指在运行过程中，受外部因子变化影响所带来的风险，其风险因子主要有气象环境、管理不当、水位变化等不确定因子。

影响风险评估的因子可能很多，如何科学合理选取影响因子，是值得探讨的问题，在进行工程系统评估选取影响因子时应遵循以下原则：

（1）科学性原则。评价体系应从对评估目标中有一定限制作用或制约作用的整个主客观条件来构造，选取指标应有明确的界定。

（2）完备性原则。尽量全面反映评估系统的内涵，并兼顾经济合理、技术可行性。

（3）可量性原则。所选择指标应尽可能是可度量的，即便无法进行完全定量分析，也应可以进行定性比较。

（4）规范性原则。必须对各影响因子进行规范化处理以便进行定量计算，并对最终结果进行比较等。

2.3.2.1 故障树分析法

故障树分析（Fault Tree Analysis，FTA）又称事故树分析，是一种用属性图表示系统可能发生的某种事故与导致事故发生的各种因子之间逻辑关系的方法，它是一种图形演绎方法，是故障事件在一定条件下的逻辑推理方法，由美国贝尔电话实验室科学家 H. A. watson 提出的，最先用于民兵式导弹发射控制系统的可靠性分析。故障树分析法遵循从结果找原因的原则，从一个可能的事故开始，一步一步地逐步寻找引起事故的触发事件、直接原因和间接原因，并分析这些事故原因之间的逻辑关系，用逻辑树图把这些原因及其逻辑关系表示出来，即由总体到部分按照树枝形状逐级细化来分析风险及其产生原因。故障树分析法不仅可以在系统设计阶段使用，而且可以在运行阶段使用，还可以用来分析已出现的故障。

1. 故障树分析程序

故障树分析程序如图 2.3－1 所示。

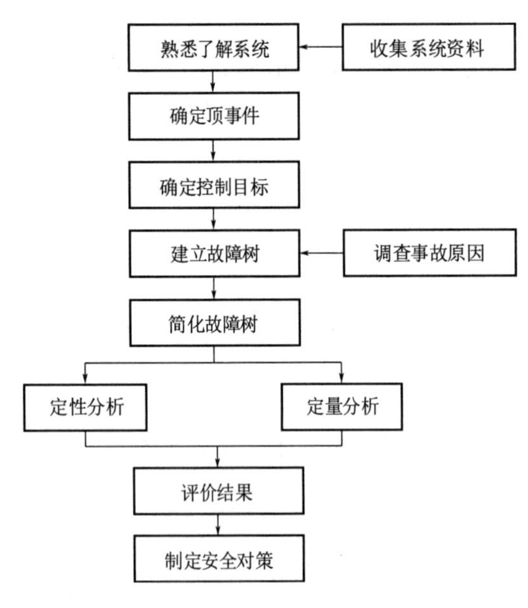

图 2.3－1 故障树分析程序图

（1）充分了解系统、收集系统资料。生产系统是分析对象（事故）的存在条件，要对系统中人、物、管理及环境四大组成因素进行详细的了解并收集相关资料。

（2）确定顶事件。顶事件是不希望发生的事件（事故或故障），也是系统分析的对象。顶事件的确定是以事故调查为基础的。事故调查的目的是查清事实，因为原因是基于事实而导出的。通过事故统计，在众多的事故中筛选出主要分析对象及其发生概率。

（3）确定控制目标。根据事故统计所得出的事故发生概率及事故的严重程度，确定控制事故发生的概率目标值。

（4）调查事故原因。从系统的人、物、管理及环境缺陷中，寻求构成事故的因素。

在构成事故的各种因素中，既要重视有因果关系的因素，也要重视有相关关系的因素。

（5）建立故障树。在认真分析顶事件、中间关联时间及其基本事件关系的基础上，按照演绎（推理）分析的方法逐级追究原因，将各种事件用逻辑符号连接，构成完整的故障树。

（6）简化故障树。利用布尔代数法简化故障树，去掉明显的逻辑多余事件和明显的逻辑多余门，用相同转移符号表示相同子树，用相似转移符号表示相似子树。

（7）定性和定量分析。根据故障树列出逻辑表达式，求得构成事故的最小割集和防止事故发生的最小径集，确定各基本事件的结构重要度排序；根据各基本事件的发生概率，求解顶事件的发生概率，并在此基础上求解各基本事件的概率重要度及临界重要度。

（8）制定安全对策。根据分析结果及安全投入的可能性，寻求降低事故概率的最佳方案，以达到预定概率目标。

2. 故障树分析法的优点

（1）具有足够的灵活性、简单易行，逻辑性强。

（2）结果直观，强调故障原因。

（3）既可定性分析导致顶事件发生的风险因子，也可以在各风险因子概率分布已知情况下或者通过专家调查等方法识别出相对重要的风险因子。

（4）应用广泛、简明且形象化，可很好地体现系统工程方法研究安全问题时的系统性、准确性和预测性。

3. 故障树分析法的缺点

（1）受基础事件的影响较大，不确定性和主观性较强。

（2）对于复杂系统建立的故障树可能存在逻辑混乱，因子繁多的情况，难于梳理，影响方法的实用性；工作量往往较大。

2.3.2.2 事件树分析法

事件树分析（event tree analysis，ETA）是一种从原因推论后果的系统分析方法。它按事故发展的顺序由初始事件出发，按每一事件的后续事件只能取完全对立的两种状态（成功或失败、安全或事故、正常或故障）之一的原则，逐步向事故方向发展，直至分析出可能发生的故障或事故为止，从而揭示事故或故障发生的原因和条件。通过事件树分析，可以明确系统的变化过程，查明系统可能发生的事故，找出预防事故发生的途径。它适用于多种环节事件或多重保护系统的危险性的定性或定量分析。

1. 事件树分析法的功能

（1）ETA 可以在事前预测事故及不安全因素，预估事故导致的可能后果，从而寻求最经济的预防手段和方法。

（2）发生事故后用 ETA 分析事故原因，十分方便明确。

（3）ETA 的分析资料既可以作为直观的安全教育资料，也有助于推测类似事故的预防对策。

（4）当积累了大量的事故资料后，可以采用计算机模拟分析，使得 ETA 对事故的预测更为有效。

（5）ETA 在对重大问题进行安全管理决策时，具有独特的优势。

2. 事件树编制流程

（1）确定初始事件。初始事件是指事故未发生时，其发展过程中的危害事件或危险事件。可根据系统设计、系统危险性评价、系统运行经验或事故经验等确定，或根据系统重大故障或事故树分析，从其中间事件或初始事件中选择。

（2）判定安全功能。系统中在初始事件发生时消除或减轻其影响以维持系统安全运行的功能。如：对初始事件自动采取控制措施的系统；提醒操作者初始事件发生的报警系统；局限或屏蔽措施等。

（3）绘制事件树。从初始事件开始，按事件发展过程自左向右绘制事件树，用树枝代表时间发展途径。建树原则是：将系统内各个事件按照完全对立的两种状态进行分支，把事件一次连接成树形，然后再跟表示系统状态的输出连接起来。

（4）简化事件树。在绘制事件树的过程中，去除与初始事件或事故无关的安全功能。

（5）确定事故树的最小割集。

（6）编制分析结果。

3. 事件树法的优缺点

事件树法在进行风险因子识别时简捷实用，清晰明了；可以用于总结分析已经发生的事故，也可用以检测预估运行系统各要素之间的相互影响程度及系统的整体安全性态。但事件树法“由因至果”的分析模式可能遗漏部分因子，且主观性较强，易受调查人员知识水平限制。

2.3.2.3 检查表法

检查表法是在对一个系统进行科学分析的基础上，找出各种可能存在的风险因子，然后将这些风险因子一一列举出来的一张表格。检查表法是一种定性评价的方法，以与研究领域相关的国家或行业（部门）的法律、法规、规章、规范和标准为依据，结合所要评价项目可能产生危害的因子等，列出实施检查的项目明细表，逐项检查项目在各个阶段的完善程度，找出其不足之处，以期补充、改进设计或进一步采取治理措施，减少或避免风险。检查表的内容包括序号、检查项目、检查依据、产生的危害、检查结果、备注等，检查表后可对检查表做出小结及分析，总结检查表检查大项及子项数目；检查结果为“是”的几项，“否”的几项，并对检查表检查出的问题逐一进行简明分析。实践证明，检查表法在发现风险因子，消除隐患，防止事故方面有明显效果。

1. 使用检查表法应注意的问题

（1）编制出的检查表首先必须明确使用范围。应根据本单位的实际情况和需求，确定编制哪些类型的检查表。

（2）检查表的检查项目和要点必须简单、明确，抓住重点，即主要风险因子。检查项目和要点，应与有关安全技术规定和标准相符，切忌单凭个人知识、经验确定项目和要点。

2. 检查表法的优点

（1）简明易懂，操作简单，实用方便，易于掌握，特别适合于基层工作人员使用。

(2) 检查表可以事先编制，如组织评价人员讨论研究，使检查内容系统化、完整化，检查表是集中群众智慧，运用科学方法制定的，是安全检查的指南和备忘录。使用它，能克服安全检查中的盲目性，避免了走过场的安全检查方法。并可以避免评价工作中易发生的疏忽、遗漏等弊端，可全面查出工作漏项。

(3) 检查表中的检查项目与内容都是以相关法律、法规和标准为依据，使评价工作标准化、规范化。

(4) 可以采取现场提问方式，有问有答，再结合现场检查可以使检查项目更加清楚、明确，便于查明和发现各种风险危害隐患。

(5) 检查表不仅使检查者和被检查者对规范规程要求和标准有统一认识，而且，由于列出了全部风险因子，人们在实际工作中将会采取各种措施，尽量避免导致风险事故的风险因子的产生，故还可起到安全教育的作用。

3. 检查表法的缺点

(1) 检查表对检查者知识素质要求高，它需要检查者凭个人经验和学识判断某个风险因子存在与否，确定相应整改意见。检查表编制的质量受编制人员专业理论、实践和相关法规知识水平的影响。因此，要求从事评价工作的人员，除具备一定的专业知识以外，还要熟练掌握并正确理解我国现行的相关法律、法规、规章和标准等。

(2) 日常使用检查表是根据一般工程项目情况编制的。对于特定工程项目，因其可能存在特殊风险因子，使用常规检查表难以揭示出这些风险因子。

(3) 使用检查表只能揭示出潜在风险因子，难以确定实际风险事故的起因及影响范围。

(4) 如进行综合评价，各单项分值的合理性和各个项目的权重很难得到统一等。

2.3.2.4 因果图分析法

因果分析法（Cause and Consequence Analysis，CCA）是一种发现问题根本原因的方法，它是日本质量管理专家石川馨于1953年在日本川琦制铁公司最早使用的，是为了寻找产生某种质量问题的原因的一种方法。因果分析图以结果作为特性，以原因作为因素，在它们之间用箭头联系表示因果关系，因其形状像鱼骨刺，故也叫鱼刺图，又称特性要因图或石川图。它将导致风险发生的各种原因进行归纳分析，用简明的文字和线条罗列风险的原因，并将众多的原因分类，分层并进行分析。

1. 因果图编制步骤

(1) 确定需要解决的问题（或结果），画出主干线，即一条箭头指向右端的射线（也称脊线），将已确定要分析的风险事件标注在箭头右侧。

(2) 确定造成风险的因素，在该射线的两旁画上与该射线成60°夹角的射线，并标注因素内容；

2. 因果图分析法的优点

(1) 直观性强、因果关系明确。

(2) 层次分明、条理清楚，具有很强的逻辑性。

(3) 分析全面，一目了然。

把分析的结果用结构图形式展示出来，在鱼头部位标示风险事件，在各个鱼刺部位标示产生风险事件的影响因子，每一个风险因子又由又若干次一级因子组成，如隧洞失稳的主要风险因子是洞脸坍塌、衬砌破坏、围岩失稳等，而围岩失稳又与地震、地下水变化、衬砌破坏、周围其他建筑物影响、地质勘察等有关，如图 2.3－2 所示。

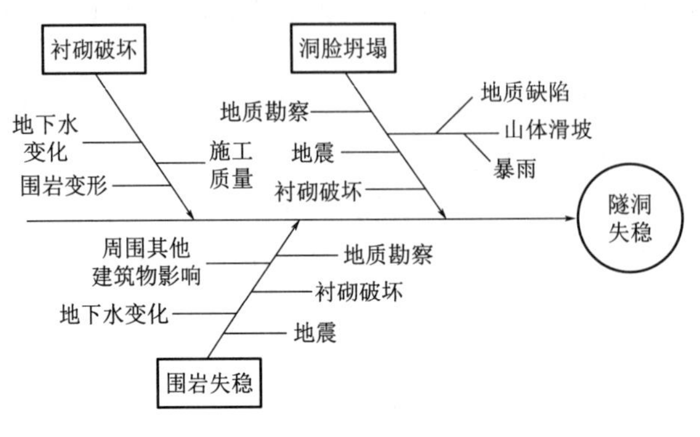

图 2.3－2 因果图分析法鱼刺图

2.3.3 常用风险因子权重计算方法

除《风险管理 风险评估技术》（GB/T 27921—2011）列出的方法外，在工程风险评估时对风险因子权重计算使用较多的方法还有熵值法、多因子相互作用关系矩阵法、模糊综合评价等。本书就岩土工程风险评估常用的几种方法做简要介绍。

2.3.3.1 德尔菲法

德尔菲法（Delphi）又称为专家打分法，是以古希腊城市德尔菲命名的规定程序专家调查法。1946 年由美国兰德公司创始实行，其本质上是一种反馈匿名函询法，其大致流程是在对所要预测的问题征得专家的意见之后，进行整理、归纳、统计，再匿名反馈给各专家，再次征求意见，再集中，再反馈，直至得到一致的意见。专家们在风险估计上是不会完全相同的，要用统计的方法加以确定。

1. 德尔菲法实施步骤

（1）组成专家小组。按照工程评估所需要的知识范围，确定专家。专家人数的多少，可根据预测课题的大小和涉及面的宽窄而定，一般不超过 20 人。

（2）向所有专家提出所要预测的问题及有关要求，并附上有关这个问题的所有背景材料，同时请专家提出还需要什么材料，然后由专家做书面答复。

（3）各个专家根据他们所收到的材料，提出自己的预测意见，并说明自己是如何利用这些材料并提出预测值的。

（4）将各位专家第一次判断意见汇总，列成图表并进行对比，再分发给各位专家，让专家比较自己同他人的不同意见，修改自己的意见和判断。也可以把各位专家的意见加以整理，或请身份更高的其他专家加以评论，然后把这些意见再分送给各位专家，以便他们参考后修改自己的意见。

（5）将所有专家的修改意见收集起来、汇总，再次分发给各位专家，以便做第二次修改。逐轮收集意见并为专家反馈信息是德尔菲法的主要环节。收集意见和信息反馈一般要经过三、四轮。在向专家进行反馈的时候，只给出各种意见，但并不说明发表各种意见的专家的具体姓名。这一过程重复进行，直到每一个专家不再改变自己的意见为止。

（6）对专家的意见进行综合处理。

2. 使用德尔菲法应当注意的问题

（1）采取匿名制，避免专家之间相互知道对方，影响评估；

（2）选取的专家应具备相关专业知识，有较高权威性和代表性，人数应当适当；

（3）对影响评价目标的每项因子的权重及分值均应当向专家征询意见；

（4）多轮打分后统计方差如不能趋于合理，应当慎重使用专家打分法结论。

3. 德尔菲法的优点

德尔菲法既可以用于预测，也可以用于评估，此方法的优点是：

（1）能够充分发挥各位专家的作用，集思广益；

（2）专家相互独立、观点匿名，因此能体现出各位专家意见的分歧点，扬长避短；

（3）既依靠了行家，又避免了各专家因会议而受权威人士意见影响的缺点；

（4）德尔菲法能够充分利用专家的知识、经验和智慧，可以有效地解决非结构化问题，对于实现决策科学化、民主化具有重要意义。

4. 德尔菲法的缺点

在系统分析及评估过程中，当数据不足、资料缺乏、诸多因子不确定、采用其他方法难以进行定量分析评估的情况下，德尔菲法是一种非常适用的方法。

本书在南水北调中线工程不良地质渠段风险评估过程中，用专家打分法确定不同风险因子的权重，达到了预期的效果。

2.3.3.2 层次分析法

层次分析法（analytic hierarchy process，AHP）是美国运筹学家 T. L. Saaty 教授于 20 世纪 70 年代提出的一种简便、灵活而实用的多准则决策方法。该方法是将一个复杂得多目标决策问题作为一个系统，将目标分解为多个目标或准则，进而分解为多指标的若干层次的定性与定量相互结合的多准则决策（评价）方法。

AHP 法计算方便、实用性强，用 AHP 法进行决策，输入的信息主要是决策者的选择与判断，充分反映了决策者对决策问题的认识，大大增加了决策的有效性。对于复杂问题，系统方式是有效的决策思维方式，AHP 法把问题看成一个系统，在研究系统各组成部分相互关系以及系统所处环境的基础上进行决策。AHP 法既可以进行定量分析，也可以进行定性分析，将定性与定量因子有机结合起来，用一种统一的方法是进行处理。AHP 法成功地用于资源分配、冲突分析、评价、计划以及预测、系统分析、规划等最优化过程中。

AHP 法进行风险因子识别，一般分为 4 个步骤，即：①建立风险事件的递阶层次结构；②构造两两比较判断矩阵；③由判别矩阵计算比较风险因子的相对权重；④计算各层风险因子的组合权重。

2.3.3.3 熵值法

在信息论中，熵是对不确定性的一种度量。信息量越大，不确定性就越小，熵也就越小；信息量越小，不确定性越大，熵也越大。根据熵的特性，可以通过计算熵值来判断一个事件的随机性及无序程度，也可以用熵值来判断某个因子的离散程度，因子的离散程度越大，该因子对综合评价的影响越大。

人们在决策中获得信息的多少和质量，是决策的精度和可靠性大小的决定因子之一。信息论中，信息熵是系统无序程度的度量，信息是系统有序程度的度量，两者绝对值相等，符号相反。熵是信息论中最重要的基本概念，它表示从一组不确定事物中提供信息量的多少。在多因子决策问题中，某项因子的变异程度越大，信息熵越小，该因子提供的信息量就越大，那么在方案评价中所取得的作用就越大，该因子的权重也就越大；反之，某因子的变异程度越小，信息熵越大，该因子所提供的信息量越小，那么该因子的权重也就越小。根据各因子值的变异程度，利用信息熵计算各因子的权重。熵就是利用决策矩阵和各指标的输出熵来确定各因子的权重的一种方法。在以客观因子为主且信息量充分的岩土工程风险评估中，熵值法比较适用。

2.3.3.4 多因素相互作用关系矩阵

1989年Hudson J A提出了岩石工程系统（rock engineering system，RES）方法，该方法是根据系统中每个因素对系统整体的影响，以及系统中因素之间的两两之间彼此相互作用程度建立相互作用关系矩阵，通过对矩阵进行计算评判每个影响因素对系统整体的影响程度。这种方法特别适合用于解决多种因素之间具有相互作用和相互耦合等复杂关系的系统评估问题。在岩石工程系统的基础上，Hudson和Mazzoccola等人又对此方法及有关评价指标做了进一步发展。尚彦军率先将多因素关系矩阵理论引入到工程地质学中，随后杨志法、张晓晖、丁继新、李坤等人分别运用此方法进行工程地质灾害风险评估和工程选址风险评估上。

多因素相互作用关系矩阵变权法计算出的权重大小取决于因素之间的相互作用关系及其本身的活跃程度，因素主动作用、被动影响程度之和越大、活跃程度越高，其在系统整体评价中所占权重值越大，反之则小。与传统常权和变权方法相比，多因素相互作用关系矩阵变权法不仅反映了不同因素及同一因素内部差异对系统整体的影响，而且反映了各影响因素之间相互作用对系统整体的影响，评价结果更为客观、公正且具有时效性，特别适合用于解决多种因素间具有相互作用和相互耦合等复杂关系的问题。

多因素相互作用关系矩阵方法计算简单，容易理解，目前主要应用在岩石工程、地质学领域，适用于解决因素间具有相互影响作用的多因素系统评估。对于因素间相互独立的系统评估，并不适用。

2.3.3.5 模糊综合评价法

客观世界中存在着大量的模糊概念和模糊现象，模糊性是事件本身状态的不确定性，或者说是指某些事物或者概念的边界不清楚，这种边界不清楚不是由于人的主观认识达不到客观实际所造成的，而是事物的客观属性，是事物的差异之间存在着中间过渡过程的结果。

模糊数学就是试图利用数学工具解决模糊现象的一门学科。1965年美国自动控制专家L. A. Zadeh教授提出模糊集合理论（fuzzy sets）的概念，第一次成功运用精确的数学方法描述了模糊概念，用以表达事物的不确定性。

模糊综合评价法（fuzzy comprehensive evaluation method）是模糊数学中最基本的数学方法之一，该方法是以隶属度来描述模糊界限的，把定性评价转化为定量评价，即用模糊数学对受到多种因子制约的事物或对象作出一个总体的评价。建立在模糊集合基础上的模糊综合评判方法具有结果清晰、系统性强的特点。从多个指标对被评价事物隶属等级状况进行综合性评判，对被评判事物的变化区间作出划分，一方面可以顾及对象的层次性，使得评价标准、影响因子的模糊性得以体现；另一方面在评价中又可以充分发挥人的经验，使评价结果更客观，符合实际情况。

1. 解决问题的具体步骤

（1）选择评价因子，构成评价因子集；

（2）根据评价目的，划分等级，建立备择集；

（3）对各风险要素进行独立评价，建立判断矩阵；

（4）根据各风险要素影响程度，确定其在系统评估中的权重；

（5）运用模糊数学计算，确定综合评价结果；

（6）根据综合评价结果，确定工程项目风险水平。

2. 模糊综合评价法的优点

（1）模糊综合评判可以做到定性和定量因子相结合，扩大信息量，使评价精度得以提高，评价结论可信。

（2）能较好地解决模糊的、难以量化的问题，适合各种非确定性问题的解决。

（3）50多年来，模糊数学得到了迅速的发展，被广泛应用于自然科学、社会科学和管理科学等各个领域，其有效性得到了充分的验证。

3. 模糊综合评价法的缺点

（1）模糊综合评价过程中，不能解决评价因素间的相关性所造成的评价信息重复的问题。

（2）因素权重不是伴随评价过程产生的，灵活性较大，一定程度上反映了因素本身对评价对象的重要程度，客观实际可能会有偏差。

2.3.3.6　蒙特卡罗模拟法

蒙特卡罗模拟法（Monte Carlo simulation）又称随机抽样法或统计试验法，它是评价工程风险常用的一种方法。蒙特卡罗模拟法的基本思想是：为了求解问题，首先建立一个概率模型或随机过程，使它的参数或数字特征等于问题的解；然后通过对模型或过程的观察或抽样试验来计算这些参数或数字特征；最后给出所求解的近似值，近似值的精确度用估计值的标准误差来表示。蒙特卡罗法的主要理论基础是概率统计理论，主要手段是随机抽样、统计试验。

此方法的精度和有效性取决于仿真计算机模型的精度和各输入量概率分布估计的有效

性，特别适用于一些解析法难以求解甚至不可能求解的问题。

1. 使用蒙特卡罗法的基本步骤

（1）根据实际问题的特点，构造简单而又便于实现的概率统计模型，使所求的解恰好是所求问题的概率分布或数学期望。

（2）给出模型中各种不同分布随机变量的抽样方法。

（3）统计处理模拟结果，给出问题解的统计估计值和精度估计值。

2. 蒙特卡罗模拟法的优点

（1）直接追踪粒子，物理思路清晰，易于理解。

（2）采用随机抽样的方法，可较真切地模拟粒子输运的过程，反映统计规律。

（3）不受系统多维、多因素等复杂性的限制。

（4）程序结构清晰简单。

（5）对具有统计性质的问题可直接解决。

（6）对连续性的问题不必进行离散化处理。

3. 蒙特卡罗模拟法的缺点

（1）对确定性问题需要转化为随机性问题。

（2）通常需要较多的计算步数。

2.4 不良地质渠段的风险评估

2.4.1 风险评估基本原则

风险评估是包括风险识别、风险分析和风险评价的研究过程。通过风险评估可以使决策者、管理者及利益相关方更深刻地认识和理解那些可能影响目标实现的风险及其原因、后果和发生可能性；可以更深刻地了解现有风险控制措施的充分性和有效性，为确定合适的风险应对方法奠定基础。

南水北调中线一期工程总干渠不良地质渠段风险评估工作遵循的基本原则如下：

（1）客观性。评估人员必须以理解和掌握相关学科知识为前提，客观公正地评价和处理南水北调中线一期工程总干渠不良地质渠段的风险问题，并在成果中客观公正地表述出来。

（2）科学性。在评估过程中，要使用科学的方法，注意全面调查与重点核查相结合，定量分析与定性分析相结合，经验总结与科学预测相结合，以保证相关项目数据的客观性、使用方法的科学性和评估结论的正确性。

（3）针对性。在研究中要密切结合南水北调中线一期工程总干渠的工程特点和实际情况开展风险分析，做到有的放矢，将风险管理理论与中线工程的实际情况相结合。在研究中围绕工作范围，充分利用已开展的相关研究成果，使已有成果得到有效利用，避免重复性工作。

（4）实用性。对各类风险分析采用定量和定性分析相结合的方法进行研究，努力做到风险等级的划分和界定要合理、明确，提出的对策措施建议具有可操作性，做到“安全第一、保护环境、预防为主”。对各类风险的研究不仅限于提出理论研究成果，更要为总干渠的运行管理提出建设性的意见。

（5）综合性。风险评估需要对工程进行全面分析、综合分析，风险因子识别应涵盖工程可能面临的所有风险，做到不留死角；风险管理措施做到统筹兼顾、点面结合，不顾此失彼。

（6）时效性。由于沿线经济社会发展迅速，各类设施等建设日新月异，总干渠的外部条件在不断变化，评估工作应采用南水北调中线工程不良地质渠道的最新运行资料。由于本工程研究内容多，项目实施周期长，而总干渠已开始运行，因此要注意本着轻重缓急、先后有序的要求，尽早提出供调度运行参考的中间成果，为工程运行服务。

2.4.2 风险评估方法

风险评估方法包括风险因子识别方法和风险评估方法。根据南水北调中线一期工程的特点和各种评价方法的适用条件，本次不良地质条件渠段风险因子识别采用因果分析图法，风险评估采用层次分析法。

层次分析法是一种定性和定量相结合的、系统化和层次化的分析方法。通过建立结构层次模型，构造出各层次中的判断矩阵，进行排序及一致性检验。该方法适用于难以完全定量分析的问题，主观因素影响较大。

2.4.3 风险评估技术路线

南水北调中线一期工程总干渠不良地质段风险评估的范围主要为中线干线工程存在不良地质条件的输水渠道，范围主要包括河南省、河北省内的输水渠道。评估的不良地质段类型主要是膨胀岩（土）渠段、湿陷性黄土渠段、饱和砂土液化渠段、高地下水位渠段、煤矿采空区渠段、深挖方渠段等6类。风险评估总体技术路线按照以下程序进行：

（1）现场调研，收集资料。针对不良地质条件类型，分别确定膨胀岩（土）渠段、湿陷性黄土渠段、饱和砂土地震液化渠段、高地下水位渠段、煤矿采空区渠段、深挖方渠段的分布范围。

（2）划分风险评估单元。结合总干渠渠段与建筑物特点及风险类型进行风险评估单元划分，选择总干渠渠段与建筑物的代表性评估单元。

（3）进行风险因子识别。提出不良地质条件膨胀岩（土）渠段、湿陷性黄土渠段、饱和砂土地震液化渠段、高地下水位渠段、煤矿采空区渠段、深挖方渠段的主要风险因子，广泛征求行业专家意见，采用专家打分法并结合具体的工程实际情况，确定各风险因子的标度值，计算各风险因子的权重。

（4）风险分析。风险分析主要包括风险发生的可能性和风险后果的严重性两部分内容。收集国内外水利工程损毁案例，对国内外水利工程损毁案例的时间、背景、原因、损失等进行剖析。通过现场调研、分析计算、工程类比等手段，对辨识出的各类风险因子，要分析风险产生的原因和机理，导致安全事故发生的条件和概率，对发生事故后产生的影响进行全面深入的分析。

（5）风险评价。进行风险等级标准（风险准则）的分析研究，对比风险分析结果和风险准则，以确定风险大小是否可以接受或容忍，进而确定风险等级，制定膨胀岩（土）渠段、湿陷性黄土渠段、饱和砂土地震液化渠段、高地下水位渠段、煤矿采空区渠段、深挖方渠段的相应风险等级。

（6）风险控制。在研究对策措施时，以可能发生的、影响中线运行或发生灾害的事件为中心，从导致事件发生的原因和事件可能造成的后果等两方面进行研究，提出对策措施。从杜绝事件产生的原因出发，针对自然因素、建筑物本身因素、人为因素、管理因素等方面分别提出防范、消除、规避、减免事件发生的措施；从缓解事件造成的经济、社会、环境等方面的影响出发，提出修复、补救、补偿、减免等措施。

第 3 章

风险评估单元

3.1 风险评估单元分级

考虑到南水北调中线工程总干渠沿路长，不同类型的不良地质渠段多，且渠线经过不同的自然环境区域，影响工程正常运行的风险因素较多且随着自然环境的不同而有所变化，干线运行管理单位众多等特点，风险评估单元划分的基本原则是便于运行管理。南水北调中线干线工程运行管理组织机构见表 3.1-1。

表 3.1-1　南水北调中线干线工程运行管理组织机构

序号	二级运行管理单位	三级管理处	序号	二级运行管理单位	三级管理处
1	渠首分局	陶岔管理处	25	河北分局	磁县管理处
2		邓州管理处	26		邯郸管理处
3		镇平管理处	27		永年管理处
4		南阳管理处	28		沙河管理处
5		方城管理处	29		邢台管理处
6	河南分局	叶县管理处	30		临城管理处
7		鲁山管理处	31		高邑元氏管理处
8		宝丰管理处	32		石家庄管理处
9		郏县管理处	33		新乐管理处
10		禹州管理处	34		定州管理处
11		长葛管理处	35		唐县管理处
12		新郑管理处	36		顺平管理处
13		航空港区管理处	37		保定管理处
14		郑州管理处	38	天津分局	西黑山管理处
15		荥阳管理处	39		徐水管理处
16		穿黄管理处	40		容雄管理处
17		温博管理处	41		霸州管理处
18		焦作管理处	42		天津管理处
19		辉县管理处	43	北京分局	易县管理处
20		卫辉管理处	44		涞涿管理处
21		鹤壁管理处	45		惠南庄管理处
22		汤阴管理处	46	北京市南水北调干线管理处	大宁管理所
23		安阳管理处	47		西四环管理所
24		穿漳管理处			

风险评估单元划分从有利于风险评估工程的连续性考虑，结合南水北调中线干线沿桩号分布的特点，对于高级别风险评估单元划分按照地域及运行管理单位进行划分。

南水北调中线一期工程安全风险评估单元分级见图3.1-1。

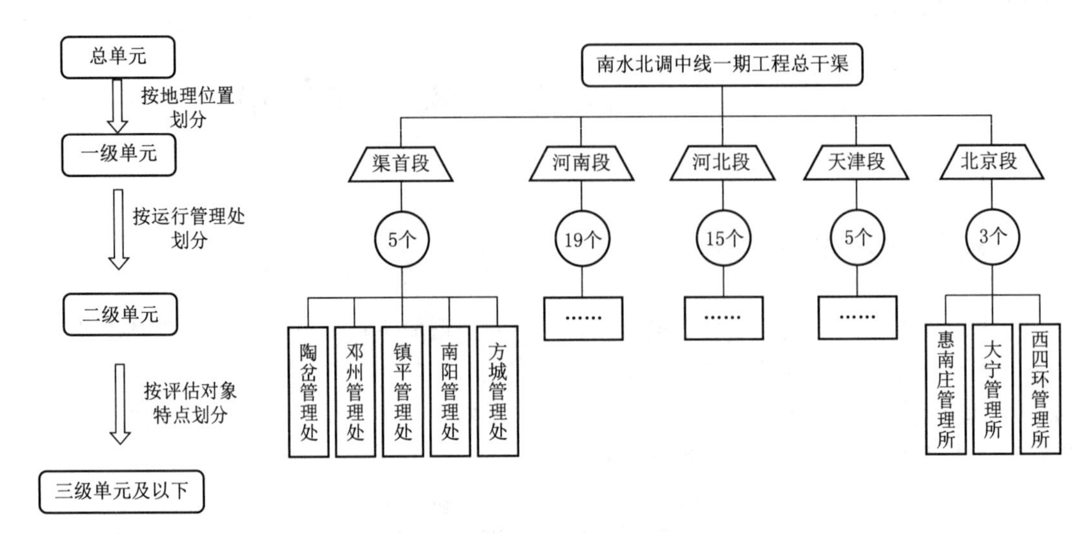

图3.1-1 南水北调中线一期工程安全风险评估单元分级

(1) 总单元。总单元为南水北调中线一期工程总干渠。

(2) 一级单元。考虑总干渠的运行管理情况，划分为5个一级单元，用汉语拼音的首个字母表示。

1) 渠首段（含陶岔渠首枢纽）——QS。

2) 河南段——HN。

3) 河北段——HB。

4) 天津段——TJ。

5) 北京段——BJ。

由于不良地质渠段不包括北京段和天津段，因此不良地质渠段风险评估仅涉及渠首段、河南段、河北段。

(3) 二级单元。按照表3.1-1所列的运行管理处将总干渠划分为47个二级单元，按表中的顺序用阿拉伯数字表示。如陶岔管理处管辖的渠段为QS01，叶县管理处管辖的渠段为HN01。

由于不良地质渠段仅涉及渠首段、河南段、河北段，去掉不存在不良地质条件的管理处，不良地质渠段评估的评价单元为34个。

渠首段一级单元评估4个二级单元，分别为邓州管理处（02）、镇平管理处（03）、南阳管理处（04）、方城管理处（05）。

河南段一级单元评估17个二级单元，分别为叶县管理处（01）、鲁山管理处（02）、宝丰管理处（03）、郏县管理处（04）、禹州管理处（05）、长葛管理处（06）、新郑管理处（07）、航空港管理处（08）、郑州管理处（09）荥阳管理处（10）、温博管理处（12）、焦作管理处（13）、辉县管理处（14）、卫辉管理处（15）、鹤壁管理处（16）、汤阴管理处

(17)、安阳管理处(18)。

河北段一级单元评估13个二级单元,分别为磁县管理处(01)、邯郸管理处(02)、永年管理处(03)、沙河管理处(04)、邢台管理处(05)、临城管理处(06)、高邑元氏管理处(07)、石家庄管理处(08)、唐县管理处(11)、顺平管理处(12)、保定管理处(13)、易县管理处(14)、涞涿管理处(15)。

(4)三级单元。将二级单元进一步按渠段桩号划分为三级单元。南水北调中线一期工程总干渠共划分为981个三级单元,其中不良地质渠段682个,包括膨胀性岩土326个,湿陷性黄土40个,饱和砂土液化26个,高地下水位177个,煤矿采空区6个,深挖方107个。不良地质渠段的分布情况见表3.1-2。

表3.1-2　　不良地质渠段具体分布表

一级单元	二级单元	三级单元	不良地质渠段					
			膨胀岩(土)段	湿陷性黄土段	饱和砂土液化段	高地下水位段	采空区段	深挖方段
渠首段	邓州管理处	32	15	—	—	4	—	10
	镇平管理处	18	4	—	—	—	—	—
	南阳管理处	75	46	—	—	4	—	8
	方城管理处	41	27	—	—	3	—	3
	小计	166	92	—	—	11	—	21
河南段	叶县管理处	62	12	—	—	9	—	6
	鲁山管理处	48	12	—	—	—	—	2
	宝丰管理处	22	12	—	—	—	—	3
	郏县管理处	13	4	—	—	—	—	1
	禹州管理处	27	10	—	—	3	6	4
	长葛管理处	8	7	7	—	3	—	—
	新郑管理处	49	6	—	7	2	—	2
	航空港管理处	9		—	7	2	—	—
	郑州管理处	16	1	4	—	1	—	5
	荥阳管理处	19	3	—	—	—	—	2
	穿黄管理处	—	—	3	1	—	—	1
	温博管理处	12	—	6	2	7	—	—
	焦作管理处	21	2	2	2	2	—	2
	辉县管理处	36	6	—	—	—	—	5
	卫辉管理处	38	20	—	—	—	—	2
	鹤壁管理处	30	13	—	—	4	—	4
	汤阴管理处	16	8	—	—	—	—	3
	安阳管理处	30	7	—	1	—	—	2
	小计	456	123	22	20	33	6	44

续表

一级单元	二级单元	三级单元	不良地质渠段					
			膨胀岩（土）段	湿陷性黄土段	饱和砂土液化段	高地下水位段	采空区段	深挖方段
河北段	磁县管理处	65	77	5	6	92	—	8
	邯郸管理处	29	16	3	—	17	—	1
	永年管理处	25	10	7	—	—	—	2
	沙河管理处	21	4	—	—	17	—	6
	邢台管理处	19	1	—	—	7	—	3
	临城管理处	17	2	3	—	—	—	2
	高邑元氏管理处	22	1	—	—	—	—	2
	石家庄管理处	29	—	—	—	—	—	4
	唐县管理处	8	—	—	—	—	—	1
	顺平管理处	10	—	—	—	—	—	2
	保定管理处	12	—	—	—	—	—	2
	易县管理处	32	—	—	—	—	—	6
	涞涿管理处	21	—	—	—	—	—	3
	小计	310	111	18	6	133	—	42

3.2 代表性评估单元选择

代表性评估单元是指可以用其风险评估结果直接对其所代表的单元类中的其他单元进行风险定级的单元。

南水北调中线工程不良地质渠段众多，评估单元数量巨大，如果对每个单元都进行风险评估，不仅工作量巨大，而且是不必要的重复。同一类型的渠段中通常存在某些评估单元相似度较高的情况，在对评估单元风险初步分析的基础上，针对不同类型渠段，通过分类、归纳、分析，将相似度较高的评估单元归为一类，选择其中某一单元作为代表评估单元进行风险评估，而其他单元则可以根据代表性评估单元的风险等级直接定级。通过这种方法，可以做到对中线工程渠道快速、准确的全面评估。

根据南水北调中线一期总干渠的工程特点和评估单元划分，确定不良地质渠段代表性评估单元选择原则如下：

（1）在选择代表性评估单元时，首先在每个二级单元内都要有代表性单元，且在同一二级单元内，还要考虑不同类型的不良地质渠段的代表性。

（2）膨胀岩（土）渠段，在已划分的三级评估单元内，分别考虑膨胀岩（土）的膨胀性等级、开挖边坡高度和工程处理措施等因素进行选择。

（3）湿陷性黄土渠段，在已划分的三级评估单元内，综合考虑黄土湿陷性等级、填方渠道或挖方渠段、开挖边坡高度或填方渠道高度和工程处理措施等因素，选择代表性评价单元。

（4）饱和砂土液化渠段，在已划分的三级单元内，分别按挖方渠道和填方渠道，同时考虑地震动峰值加速度值，选择代表性评价单元。

（5）高地下水位渠段，在已划分的三级单元内，分别按土渠和岩石渠道、不同渠坡开挖深度选择代表性评估单元。

（6）采空区渠段，仅在河南禹州出现，选择其中3段作为代表性评价单元。

（7）深挖方渠段，分布范围也比较广，结合边坡开挖深度，分别按岩体边坡、土质边坡和岩土混合边坡选择代表性评价单元。

（8）对于同时存在上述3种或两种组合情况，如膨胀岩（土）、高地下水位和深挖方组合，膨胀岩（土）与深挖方组合，膨胀岩（土）与高地下水位组合，湿陷性黄土与挖方组合，高地下水位与深挖方组合等，在选择代表性单元时，综合考虑相应渠段存在的风险因子，选出相应的代表性评估单元。

基于上述原则，共选出代表性评价单元131个，见表3.2-1。

表3.2-1　代表性评价单元

序号	渠道类型	起点桩号	终点桩号	长度/m	三级单元编号	三级单元分类编号
1	深挖方	K3+970	K8+023	4053	QS02004	QS02SW04
2	深挖方	K8+023	K13+450	5427	QS02005	QS02SW05
3	深挖方	K13+450	K13+765	315	QS02006	QS02SW06
4	半挖半填	K21+700	K22+990	1290	QS02017	QS02BWBT07
5	深挖方	K40+993	K47+050	6057	QS02028	QS02SW12
6	挖方	K70+010	K70+690	680	QS03011	QS03WF04
7	深挖方	K92+216	K92+606	390	QS04006	QS04SW01
8	挖方	K93+150	K93+520	370	QS04011	QS04WF02
9	深挖方	K98+850	K99+567	717	QS04025	QS04SW03
10	半挖半填	K102+926	K103+421	495	QS04031	QS04BWBT12
11	深挖方	K104+285	K104+905	620	QS04035	QS04SW05
12	半挖半填	K107+700	K108+415	715	QS04043	QS04BWBT18
13	半挖半填	K121+710	K121+966	256	QS04071	QS04BWBT31
14	半挖半填	K131+940	K135+750	3810	QS05002	QS05BWBT02
15	半挖半填	K141+831	K144+481	2650	QS05007	QS05BWBT06
16	深挖方	K162+551	K164+411	1860	QS05018	QS05WF04
17	半挖半填	K165+820	K168+060	2240	QS05021	QS05BWBT12
18	深挖方	K172+251	K175+111	2860	QS05027	QS05BWBT16
19	挖方	K183+661	K184+875	1214	QS05037	QS05WF06
20	半挖半填	K185+035	K185+241	206	QS05039	QS05BWBT20

续表

序号	渠道类型	起点桩号	终点桩号	长度/m	三级单元编号	三级单元分类编号
21	挖方	K198+276	K198+492	216	HN01016	HN01WF03
22	深挖方	K199+612	K200+305	693	HN01024	HN01SW01
23	挖方	K201+820	K202+212	392	HN01032	HN01WF06
24	深挖方	K205+903	K206+409	506	HN01046	HN01SW03
25	深挖方	K213+108	K215+811	2703	HN01062	HN01SW05
26	半挖半填	K216+460	K216+698	238	HN02002	HN02BWBT02
27	半挖半填	K220+170	K220+610	440	HN02010	HN02BWBT06
28	深挖方	K220+610	K220+820	210	HN02011	HN02SW01
29	全挖方	K254+527	K255+427	900	HN02045	HN02QW09
30	深挖方	K256+171	K256+565	394	HN02047	HN02SW02
31	挖方	K258+755	K258+813	58	HN03001	HN03WF01
32	挖方段	K259+550	K261+868	2317	HN03005	HN03WF 03
33	深挖方	K263+908	K264+571	663	HN03008	HN03SW01
34	深挖方	K266+729	K267+975	1246	HN03012	HN03SW02
35	半挖半填	K270+664	K270+943	279	HN03016	HN03BWBT06
36	半挖半填	K296+950	K297+948	998	HN04009	HN04BWBT03
37	深挖方	K298+185	K300+185	2000	HN04011	HN04SW01
38	深挖方	K301+982	K304+240	2258	HN05002	HN05SW01
39	半挖半填	K307+510	K312+200	4690	HN05006	HN05BWBT03
40	半挖半填	K314+600	K315+860	1260	HN05009	HN05BWBT05
41	高填方	K316+000	K316+300	300	HN05011	HN05GT04
42	深挖方	K318+350	K318+500	150	HN05014	HN05SW03
43	半挖半填	K336+000	K336+248	248	HN05020	HN05BWBT10
44	半挖半填	K339+600	K342+050	2450	HN05023	HN05BWBT12
45	半挖半填	K343+083	K345+221	2138	HN06003	HN06BWBT02
46	挖方渠	K348+361	K349+529	1168	HN06007	HN06WF03
47	半挖半填	K350+003	K353+102	3099	HN06009	HN06BWBT04
48	半挖半填	K374+304	K375+622	1318	HN07029	HN07BWBT08
49	半挖半填	K377+492	K378+032	540	HN07036	HN07BWBT11
50	深挖方	K379+472	K381+132	1660	HN07039	HN07SW01
51	深挖方	K381+132	K384+832	3700	HN07040	HN073WF03
52	挖方	K391+807	K392+807	1000	HN08002	HN08WF02

续表

序号	渠道类型	起点桩号	终点桩号	长度/m	三级单元编号	三级单元分类编号
53	挖方、半挖半填	K392+807	K402+330	9524	HN09003	HN08WF03
54	深挖方	K424+170	K426+111	1940	HN09001	HN09SW01
55	深挖方	K435+135	K440+224	5089	HN09003	HN09SW02
56	深挖方	K450+304	K451+644	1340	HN10001	HN10SW01
57	深挖方	K451+644	K451+854	210	HN10002	HN10SW02
58	深挖方	K474+278	K478+906	4628	HN11001	HN11SW01
59	高填方	K483+614	K485+747	2133	HN11010	HN11GT01
60	填方	K490+598	K492+598	1405	HN11013	HN11BWBT01
61	半挖半填	K504+026	K507+467	3441	HN12003	HN12BWBT02
62	半挖半填	K507+715	K517+435	9720	HN1207	HN12WF04
63	深挖方	K538+550	K540+661	2111	HN13013	HN13SW01
64	深挖方	K541+407	K548+900	7493	HN13015	HN13SW01
65	深挖方	K594+721	K597+249	2528	HN14028	HN14SW01
66	挖方	K597+324	K597+853	529	HN14030	HN14WF08
67	深挖方	K597+853	K599+155	1302	HN14031	HN14SW03
68	深挖方	K599+155	K600+507	1352	HN14032	HN14SW04
69	挖方	K603+083	K606+815	3732	HN14034	HN14WF09
70	挖方	K612+084	K612+584	500	HN15006	HN15WF04
71	深挖方	K614+084	K615+584	1500	HN15013	HN15SW01
72	挖方	K615+984	K616+074	90	HN15016	HN15WF08
73	挖方	K620+364	K623+415	3051	HN15023	HN15WF12
74	挖方	K630+484	K633+084	2600	HN15032	HN15WF17
75	深挖方	K649+235	K649+878	643	HN16010	HN16SW02
76	半挖半填	K654+985	K655+635	650	HN16018	HN16BWBT10
77	挖方	K662+505	K663+363	858	HN16025	HN16SW09
78	深挖方	K663+869	K664+285	416	HN16028	HN16SW03
79	深挖方	K664+285	K667+288	3003	HN16029	HN16SW04
80	半挖半填	K669+018	K673+135	4117	HN17001	HN17BWBT01
81	深挖方	K680+315	K680+615	300	HN17009	HN17SW01
82	深挖方	K686+662	K687+365	703	HN17011	HN17SW02
83	半挖半填	K690+734	K695+634	4900	HN18002	HN17BWBT01
84	深挖方	K699+514	K700+814	1300	HN18010	HN17SW01

续表

序号	渠道类型	起点桩号	终点桩号	长度/m	三级单元编号	三级单元分类编号
85	半挖半填	K700+814	K701+647	833	HN18011	HN17BWBT06
86	深挖方	K720+097	K723+464	3367	HN18024	HN17SW02
87	半挖半填	K724+549	K725+280	731	HN18028	HN17BWBT17
88	高填方	K729+984	K730+596	612	HN18030	HN17GT08
89	高填方	K731+677	K732+957	1280	HB01001	HB01GT01
90	高填方	K736+493	K737+184	691	HB01016	HB01GT09
91	半挖半填	K741+337	K741+488	151	HB01027	HB01BWBT13
92	半挖半填	K743+835	K744+247	412	HB01038	HB01BWBT17
93	深挖方	K744+627	K744+972	345	HB01040	HB01SW03
94	半挖半填	K747+665	K748+561	896	HB01049	HB01BWBT23
95	全挖方	K751+177	K751+387	201	HB01065	HB01QW10
96	深挖方	K759+387	K760+181	794	HB01086	HB01SW05
97	全挖方	K768+258	K768+626	368	HB01121	HB01QW21
98	半挖半填	K769+459	K769+867	408	HB01124	HB01BWBT60
99	深挖方	K772+363	K773+162	799	HB02002	HB02SW01
100	填方	K777+809	K778+859	1050	HB02008	HB02GT02
101	挖方、半挖半填	K778+859	K781+163	2304	HB02009	HB02WF、BWBT03
102	半挖半填	K784+690	K786+060	1370	HB02015	HB02WF、BWBT05
103	挖方	K787+690	K788+029	339	HB02022	HB02WF03
104	深挖方	K790+090	K790+980	890	HB02026	HB02SW03
105	半挖半填	K793+440	K793+990	550	HB03004	HB03BWBT02
106	半挖半填	K801+340	K802+990	1650	HB03014	HB03BWBT07
107	高填方	K805+677	K805+838	161	HB03019	HB03GT09
108	半挖半填	K805+838	K806+338	500	HB03020	HB03BWBT10
109	深挖方	K811+907	K813+022	1115	HB04002	HB04SW02
110	挖方	K815+967	K816+467	500	HB04011	HB04SW06
111	深挖方	K818+041	K819+368	1327	HB04015	HB04SW08
112	深挖方	K829+695	K830+986	1293	HB05001	HB05SW001
113	深挖方	K835+240	K849+761	14521	HB05005	HB05SW02
114	深挖方	K850+446	K853+729	3280	HB05007	HB04SW01
115	石渠段、深挖方	K875+912	K877+279	1345	HB05019	HB05SW03

续表

序号	渠道类型	起点桩号	终点桩号	长度/m	三级单元编号	三级单元分类编号
116	深挖方	K877+279	K879+767	2510	HB06001	HB06SW01
117	半挖半填	K889+077	K894+257	5180	HB06009	HB06BWBT04
118	深挖方	K894+257	K896+857	2600	HB06010	HB06SW01
119	深挖方	K913+157	K917+777	4620	HB07007	HB07SW01
120	深挖方	K921+677	K922+402	725	HB07012	HB07SW02
121	深挖方	K963+407	K964+800	1393	HB08016	HB08SW03
122	深挖方	K1058+177	K1068+182	10005	HB01102	HB07SW02
123	深挖方	K1081+370	K1084+441	3071	HB12006	HB12SW01
124	深挖方	K1084+826	K1092+397	7571	HB12008	HB12SW02
125	深挖方	K1098+370	K1105+309	6940	HB13006	HB13SW01
126	深挖方	K1112+083	K1120+584	4594	HB13011	HB13SW02
127	深挖方	K1130+917	K1136+071	5154	HB14003	HB14SW01
128	深挖方	K1148+834	K1151+709	2875	HB14013	HB14SW04
129	深挖方	K1164+089	K1168+517	4428	HB14026	HB14SW06
130	深挖方	K1174+319	K1177+954	3635	HB15004	HB15SW01
131	深挖方	K1180+155	K1180+958	803	HB15009	HB15SW02

第 4 章

风险因子识别

4.1 风险因子识别技术路线

风险因子是促使某一风险事故发生或增加其发生的可能性或扩大其损失程度的原因或条件，是风险事件发生的潜在因素，是造成损失的间接的和内在的原因。对于工程风险来说，风险因子包括导致风险事件的自然灾害、工程自身缺陷、人类活动、其他偶然事件等四大类。

风险因子的识别是风险评估重要的基础工作。目前风险识别的方法有很多，在《风险管理　风险评估技术》（GB/T 27921—2011）中提出了 21 种风险因子识别方法，主要包括头脑风暴法、德尔菲法、因果分析法（鱼刺图法）、情景分析法、事故树法、事件时序树法等。因果分析法（鱼刺图法）是把工程系统中产生事件的原因及造成的结果所构成的错综复杂的因果关系，采用简明的文字和图形加以表示的分析方法。它是一种倒推的方法，从发生的事件开始，针对结果、分析原因；先主后次、层层深入，是一种定性分析风险因子的有效、简单、直观的方法，比较适合于工程风险评估。因果分析法工作程序包括：①分析确定要评估的风险类型和内容；②把问题写在鱼骨的头上；③分析可能诱发风险的原因并进行分组；④分析选取重要因素，在鱼主骨图上标出；⑤检查各要素的描述方法，确保语法简明、意思明确。

不良地质渠段包括膨胀岩（土）渠段、湿陷性黄土渠段、饱和砂土液化渠段、高地下水位渠段、煤矿采空区渠段和深挖方渠段。根据不良地质条件类型，分析可能造成工程破坏或险情的风险事件，运用风险因果分析图法，进行风险因子识别，分别找出不同类型不良地质渠段风险评估的主要风险因子，其技术路线如图 4.1－1 所示。

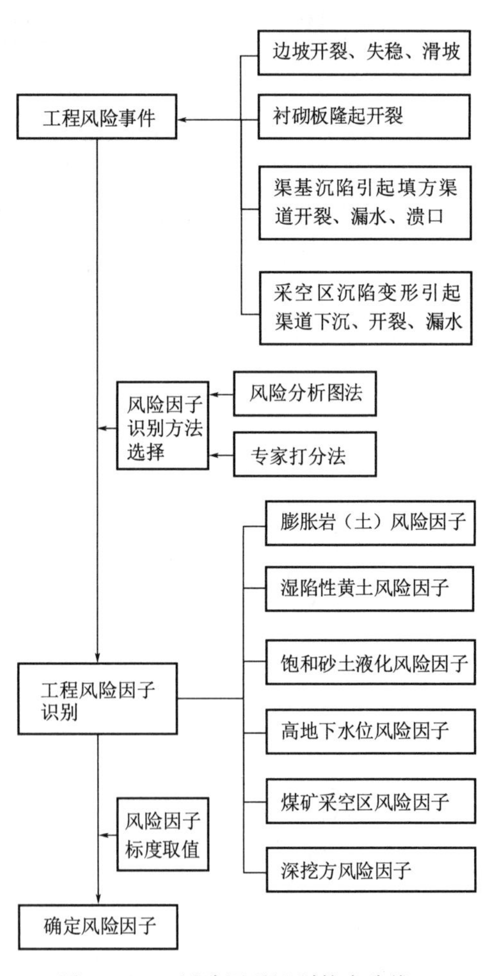

图 4.1－1　风险因子识别技术路线

4.2 膨胀岩（土）渠段

4.2.1 风险因子识别

膨胀岩（土）渠段可能产生的工程风险事件包括：边坡浅（深）层滑坡、边坡变形开裂、衬砌板隆起开裂、防渗设施失效等。造成的工程风险包括输水完全中断、对输水有一定影响等。

风险因子主要包括4部分：膨胀岩（土）特征、水文地质条件、渠道工程设计及工程处理措施、渠道运行条件变化。

（1）膨胀岩（土）特征。膨胀岩（土）特征包括：岩体的容重、含水量、岩（土）体的强度、岩石的膨胀性等级。在实际过程中，岩（土）体的容重、含水量和岩（土）体强度通过大量的试验测定，在工程运行期间变化是比较小的。膨胀岩（土）体的膨胀性等级无论是对工程处理措施，还是运行期间地下水的影响都是比较敏感的，因此选择膨胀岩（土）体的膨胀性等级作为膨胀岩（土）特征对渠道运行风险评估的风险因子。

（2）水文地质条件。水文地质条件包括：岩（土）体的透水性、地下水位埋深、地下水位超过设计值幅度。岩（土）体的透水性在渠道运行期间，产生较大变化的可能性较小。地下水位埋深可以通过地下水位超过设计值幅度来反映。从现状渠道运行情况来看，由于渠道衬砌板厚度较小，由地下水位变化引起的扬压力对衬砌板的变形是比较敏感的。因此选择地下水位超过设计值幅度作为水文地质条件对渠道运行风险评估的风险因子。

（3）渠道工程设计及工程处理措施。渠道工程设计及工程处理措施包括：开挖边坡高度、渠道换填、排水和抗滑桩等。通过现场调研，开挖边坡高度对渠道边坡稳定条件影响较大，同样的地层条件，随着开挖边坡高度的增加，边坡产生变形的概率也相应增加，因此把开挖边坡高度单独作为渠道运行风险评估的风险因子，与工程处理措施的换填、排水和抗滑桩区分出来。

（4）渠道运行条件变化。渠道运行条件变化包括：由于渠道运行水位基本稳定，仅在检修条件下发生较大变幅，因此不考虑该因素。排水设施的有效性对边坡和衬砌板稳定至关重要。边坡变形和衬砌板是否隆起开裂直接反映现状边坡的稳定情况。因此把排水设施的有效性和边坡稳定情况作为渠道运行条件变化风险评估的影响因子。

综合上述因素，膨胀岩（土）风险因子分析如图4.2-1所示。风险因子框图如图4.2-2所示。

4.2.2 风险因子标度取值

用层次分析法进行风险评估时，标度1～9的定义见表4.2-1。

表4.2-1　　标度的定义

标度	含　义	标度	含　义
1	两个要素相比，具有同样重要性	9	两个要素相比，前者比后者极端重要
3	两个要素相比，前者比后者稍重要	2，4，6，8：上述相邻判断的中间值	
5	两个要素相比，前者比后者明显重要	倒数：两个要素相比，后者比前者的重要性标度	
7	两个要素相比，前者比后者强烈重要		

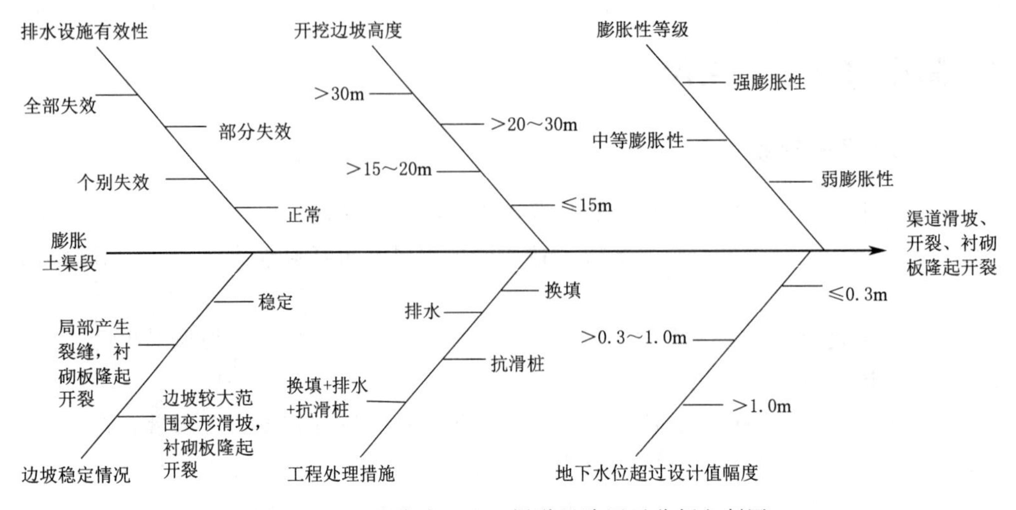

图 4.2-1 膨胀岩（土）渠道风险因子分析鱼刺图

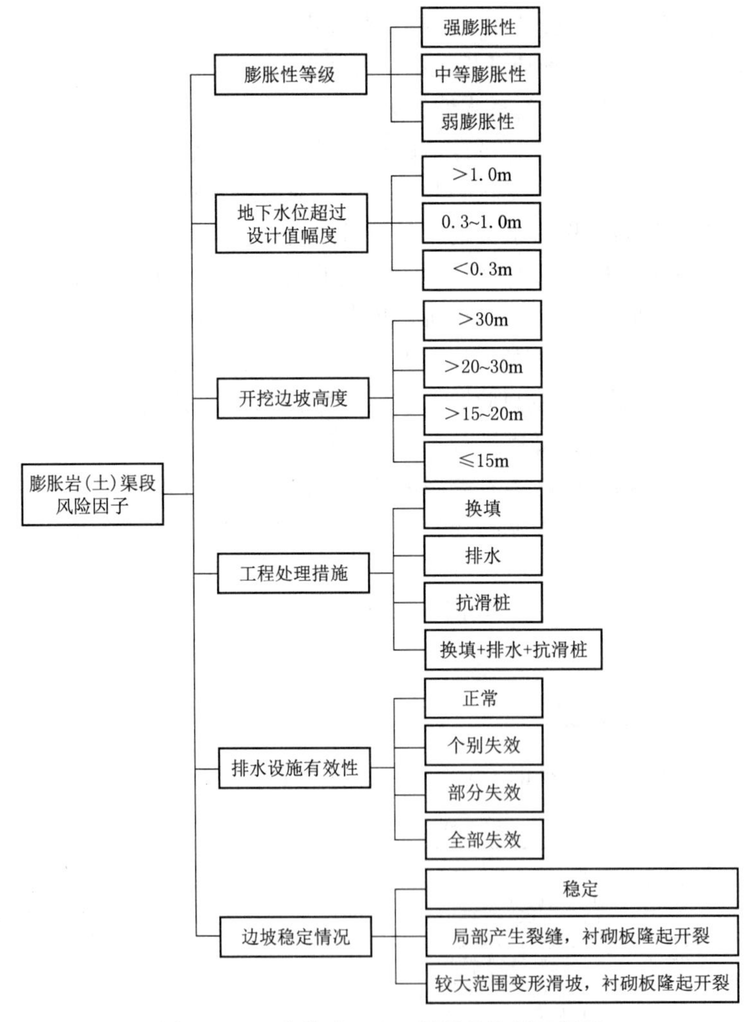

图 4.2-2 膨胀岩（土）渠段风险因子框图

按照表4.2-1的标度1～9取值，针对各风险因子在渠道运行风险评估中的作用，采用专家打分法确定各风险因子的标度取值，该值为专家打分平均值的四舍五入整数值。专家打分结果统计见表4.2-2。

表4.2-2　膨胀岩（土）渠段风险因子标度专家打分表

序号	开挖边坡高度	地下水位超过设计值幅度	膨胀性等级	工程处理措施	边坡稳定情况	排水设施有效性
1	1	4	1/2	1/2	2	3
2	1	5	3	5	1/3	1
3	1	5	2	3	3	6
4	1	2	1	1/2	1	2
5	1	3	1	3	7	5
6	1	3	1	3	7	5
7	1	1	1	3	9	5
8	1	5	5	6	7	5
9	1	2	3	5	6	4
10	1	5	3	1	4	5
11	1	5	2	3	9	7
12	1	3	2	3	5	4
13	1	2	1/2	5	1/3	5
14	1	2	1/2	5	2	3
15	1	2	3	2	3	4
16	1	7	3	5	9	5
17	5	5	3	7	6	7
18	1	2	1/2	1/3	4	3
19	1	3	1/2	5	2	3
20	3	2	4	1	6	5
21	1	3	1	6	1	7
22	1	2	7	5	1	5
平均值	1.09	3.32	2.15	3.52	4.30	4.50

膨胀岩（土）的膨胀性等级决定边坡岩土体的工程处理措施和可能产生变形破坏特性，是决定边坡岩土体的工程特性的内在因素，在前期工程设计阶段是非常重要的因素。由于目前工程已经建成通水运行，前期工程设计和处理措施已考虑膨胀岩（土）的膨胀特性，工程运行后土体的膨胀性不会因通水运行而改变，其重要性明显下降，排第五位。

地下水位超过设计值幅度大小与边坡稳定条件密切相关。膨胀岩（土）的膨胀和收缩是通过水的作用产生的，水位的升高与下降会引起膨胀岩（土）体的胀缩性发生改变，是引起膨胀岩（土）体胀缩变形的外在因素，同时由于水位变幅引起的内水压力的变化对渠道衬砌板的变形影响也比较敏感，在工程运行期间，影响地下水位变化的因素非常复杂。天然降雨因素、渠道排水措施的有效性和区域地下水地表水补排关系的改变，都会影响地下水位的变幅，渠道的边坡变形、衬砌板的隆起、开裂都会和地下水有关，其重要性应排第四位。

渠道的开挖边坡高度对边坡稳定条件具有重要影响，同样的岩土体条件，随着边坡的高度增加，边坡的失稳可能性也相应增加。在前期工程设计阶段，边坡高度不同，对边坡稳定条件分析、开挖边坡坡比、采取的工程处理措施的选取影响是非常大的。工程建成运行后，边坡高度是一个定值，基本不会产生变化。在 6 个因子中，其作用最低列第六位。

工程处理措施包括换填、抗滑桩和排水措施，3 种措施根据边坡土体的特性不同，有的单独采用，有的采用两种或者 3 种同时采用，是保证渠道边坡稳定运行的重要措施。工程运行是否安全与工程处理措施的有效性密切相关。因此工程处理措施对工程运行具有重要作用，排第二位。

边坡稳定条件和地下水位密切相关，排水设施的排水效果对衬砌板和边坡稳定情况至关重要。因此排水措施列第一位。

工程处理措施的有效运行也是工程安全运行的保证，渠道是否安全、有效运行是对前期施工质量的验证。具体反映在渠道边坡的稳定情况，如边坡是否存在裂缝、局部滑塌，衬砌板是否存在隆起、开裂情况等。因此把渠道边坡稳定情况与工程处理措施属同等地位，并列第二位。

根据上述分析及专家打分统计结果，综合考虑南水北调中线工程渠道运行的实际情况，确定各风险因子标度取值，见表 4.2-3。

表 4.2-3　膨胀岩（土）渠段风险因子标度表

影响因子	膨胀性等级	地下水位超过设计值幅度	开挖边坡高度	工程处理措施	排水设施有效性	边坡稳定情况
标度	2	3	1	4	5	4

将膨胀岩（土）的膨胀性等级进一步划分为：强膨胀岩（土）、中膨胀岩（土）和弱膨胀岩（土）3 个等级。各因子标度取值见表 4.2-4。

表 4.2-4　膨胀性等级标度表

影响因子	强膨胀性	中膨胀性	弱膨胀性
标度	5	3	1

根据地下水位的变化情况，将地下水位超过设计值幅度进一步细分为 3 个等级：≤0.3m、>0.3～1.0m 和>1.0m。各因子标度取值见表 4.2-5。

表 4.2-5　地下水位超过设计值幅度标度表

影响因子	≤0.3m	>0.3～1.0m	>1.0m
标度	1	3	5

将渠道开挖边坡高度进一步细分为 4 个等级：≤15m、>15～20m、>20～30m 和>30m。各因子标度取值见表 4.2-6。

表 4.2-6　　开挖边坡高度标度表

影响因子	≤15m	>15～20m	>20～30m	>30m
标度	1	3	5	7

渠道的工程处理措施是渠道安全运行的保证，有时单独采用，有时 3 种措施同时使用。换填、抗滑桩和排水对于保证渠道安全具有同等重要作用，但 3 种措施同时运用对保证渠道安全运行的作用大于单独使用。各因子标度见表 4.2-7。

表 4.2-7　　工程处理措施标度表

影响因子	换填	排水	抗滑桩	换填＋排水＋抗滑桩
标度	1	1	1	3

对渠道排水设施有效性进一步细分为：正常、个别失效、部分失效和全部失效 4 种情况。各因子标度取值见表 4.2-8。

表 4.2-8　　排水设施有效性标度表

影响因子	正常	个别失效	部分失效	全部失效
标度	1	2	3	4

边坡稳定情况是渠道安全运行的直接反映，对该因子进一步细分为：稳定；局部产生裂缝，衬砌板局部隆起开裂；较大范围变形滑坡，衬砌板大范围隆起开裂 3 种。各种因子标度取值见表 4.2-9。

表 4.2-9　　边坡稳定情况标度表

影响因子	稳定	局部产生裂缝，衬砌板局部隆起开裂	较大范围变形滑坡，衬砌板大范围隆起开裂
标度	1	2	3

4.3 湿陷性黄土渠段

4.3.1 风险因子识别

对于挖方渠道，湿陷性黄土可能产生的工程风险事件包括渠道边坡湿陷引起边坡塌陷变形、滑坡、衬砌隆起、开裂，引起渠道堵塞、渗漏等问题。对于填方渠道，湿陷性黄土可能产生的工程风险事件包括渠基湿陷引起渠基不均匀变形、渠道开裂、防渗破坏漏水、渠道溃口等问题。

影响湿陷性黄土渠段的风险因子比较多，既有湿陷性黄土本身的物理力学特性，又和工程设计及工程处理方案密切相关。在风险因子筛选过程中，采用风险因果分析图法，分别确定挖方渠道和填方渠道的风险因子。挖方渠段风险因子包括：开挖边坡高度、地下水位超过设计值幅度、湿陷性等级、工程处理措施、边坡稳定情况和排水设施有效性，如图 4.3-1、图 4.3-2 所示。填方渠段风险因子包括：湿陷性等级、工程处理措施、填方高度、防渗措施有效性和渠道稳定情况等，如图 4.3-3 和图 4.3-4 所示。

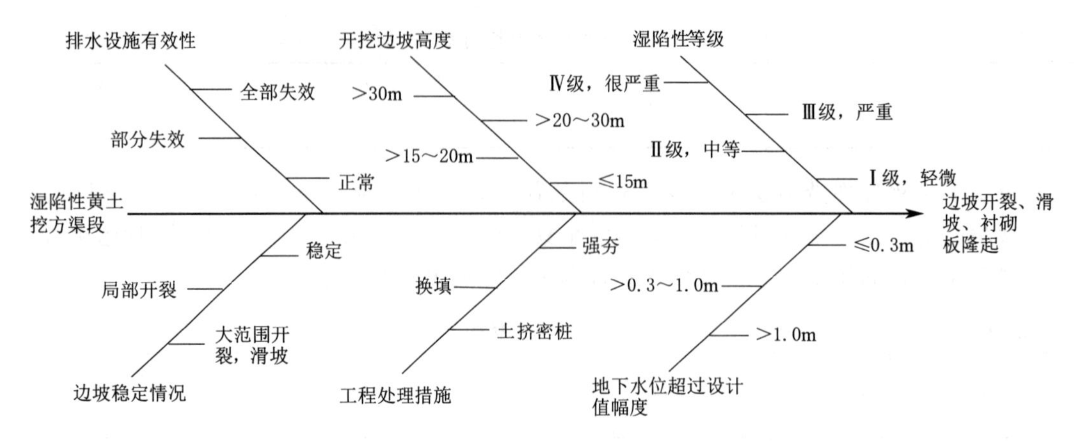

图 4.3-1 湿陷性黄土挖方渠段风险因子鱼刺图

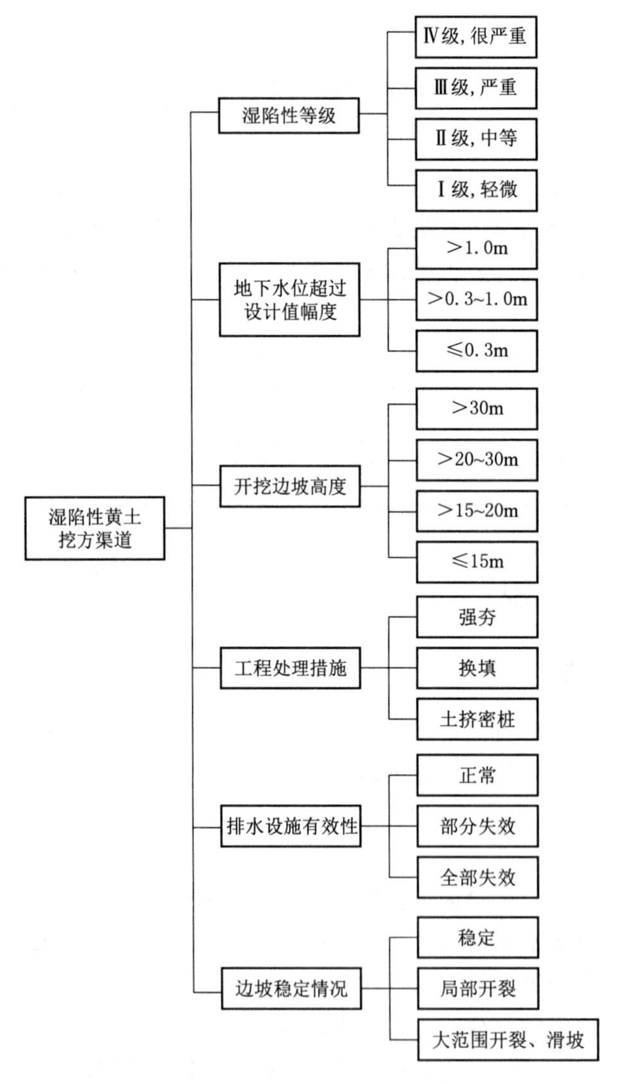

图 4.3-2 湿陷性黄土挖方渠段风险因子框图

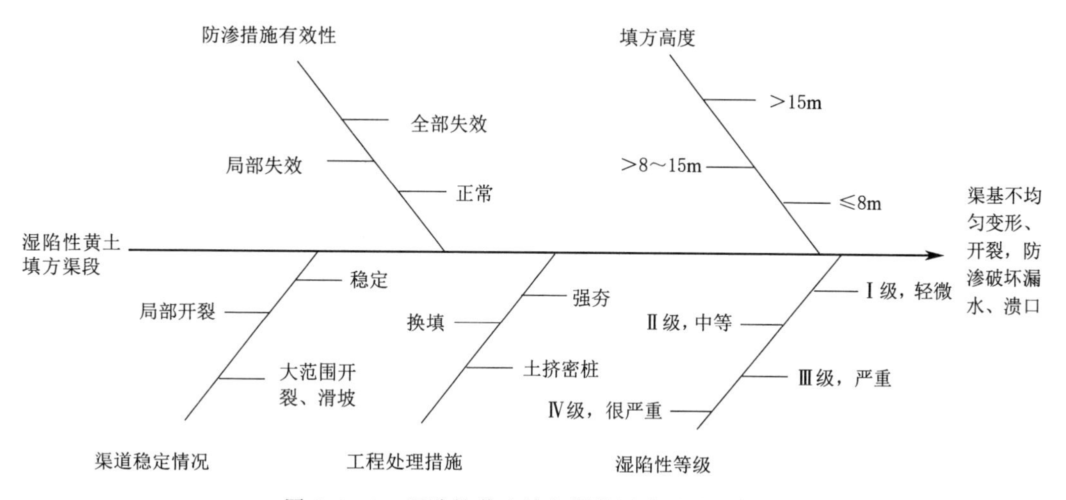

图 4.3-3　湿陷性黄土填方渠段风险因子鱼刺图

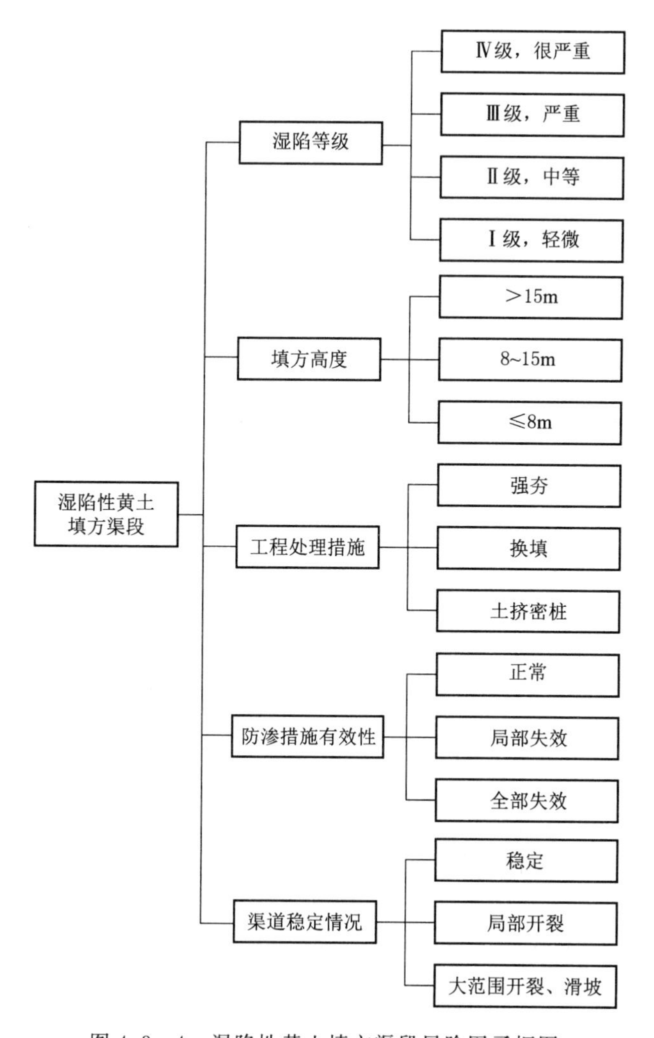

图 4.3-4　湿陷性黄土填方渠段风险因子框图

4.3.2 风险因子标度取值

(1) 挖方渠道风险因子标度确定。根据标度的定义及各风险因子对渠道安全运行的影响程度，采用专家打分法确定各风险因子的标度取值，专家打分结果统计见表 4.3－1。

表 4.3－1　　湿陷性黄土挖方渠段风险因子标度专家打分表

序号	开挖边坡高度	膨胀性等级	工程处理措施	地下水位超过设计值幅度	边坡稳定情况	排水设施有效性
1	1	3	2	5	7	7
2	1	5	4	5	2	3
3	1	2	1	1	7	3
4	1	1	3	3	7	6
5	1	1	3	3	7	5
6	1	3	2	5	5	3
7	1	6	3	5	2	4
8	1	2	2	5	2	5
9	1	2	5	3	6	4
10	1	3	5	3	1/3	1
11	1	1/3	1/2	2	3	2
12	1	3	3	4	4	4
13	1	2	4	1/2	1/3	3
14	1	2	5	1/2	2	1/2
15	1	2	2	3	1/2	2
16	1	3	5	5	9	5
17	1	3	7	7	6	8
18	1	1/3	1/2	2	4	3
19	1	1/2	5	3	4	5
20	3	4	1	5	6	2
21	1	1	1	3	1	5
22	1	5	5	3	2	5
平均值	1.09	2.46	3.14	3.45	3.96	3.89

根据专家打分结果，确定各因子标度取值见表 4.3－2。

表 4.3－2　　湿陷性黄土挖方渠道风险因子标度表

影响因子	湿陷性等级	开挖边坡高度	工程处理措施	地下水位超过设计值幅度	边坡稳定情况	排水设施有效性
标度	2	1	3	3	4	4

将场地湿陷性等级分为：Ⅳ（很严重）、Ⅲ（严重）、Ⅱ（中等）、Ⅰ（轻微）。各因子标度取值见表 4.3－3。

表 4.3-3 湿陷性等级标度表

影响因子	Ⅰ（轻微）	Ⅱ（中等）	Ⅲ（严重）	Ⅳ（很严重）
标度	1	3	5	7

将开挖边坡高度分为 3 个等级：≤15m、>15～20m、>20～30m 和>30m。各因子标度取值见表 4.3-4。

表 4.3-4 开挖边坡高度标度表

影响因子	≤15m	>15～20m	>20～30m	>30m
标度	1	2	3	5

将地下水位超过设计值幅度分为 3 个等级：≤0.3m、>0.3～1.0m 和>1.0m。各因子标度取值见表 4.3-5。

表 4.3-5 地下水位超过设计值幅度标度表

影响因子	≤0.3m	>0.3～1.0m	>1.0m
标度	1	3	5

将湿陷性黄土工程处理措施分为 3 种情况：换填、强夯和土挤密桩。各因子标度取值见表 4.3-6。

表 4.3-6 工程处理措施标度表

影响因子	换填（挖除）	强夯	土挤密桩
标度	1	1	1

将边坡稳定情况分为 4 种情况：稳定；局部开裂；大范围开裂滑坡；各因子标度取值见表 4.3-7。

表 4.3-7 边坡稳定情况标度表

影响因子	稳定	局部开裂	大范围开裂滑坡
标度	1	2	3

将排水设施有效性分为 3 种情况：正常、部分失效和全部失效。各因子标度取值见表 4.3-8。

表 4.3-8 排水设施有效性标度表

影响因子	正常	部分失效	全部失效
标度	1	3	5

（2）填方渠道风险因子标度确定。按照标度的定义，针对各风险因子在渠道运行风险评估中的作用，采用专家打分法确定各风险因子的标度取值，专家打分结果统计见表 4.3-9。

表 4.3-9　　湿陷性黄土填方渠道风险因子标度专家打分表

序号	填方高度	湿陷性等级	工程处理措施	边坡稳定情况	排水设施有效性
1	1	3	2	7	7
2	1	5	4	2	3
3	1	2	1	7	3
4	1	1	3	7	6
5	1	1	3	7	5
6	1	3	2	5	3
7	1	6	3	2	4
8	1	2	2	2	5
9	1	2	5	6	4
10	1	3	5	1/3	1
11	1	1/3	1/2	3	2
12	1	3	3	4	4
13	1	2	4	1/3	3
14	1	2	5	2	1/2
15	1	2	2	1/2	2
16	1	3	5	9	5
17	1	3	7	6	8
18	1	1/3	1/2	4	3
19	1	1/2	5	4	5
20	3	4	1	6	2
21	1	1	1	1	5
22	1	5	5	2	5
平均值	1.09	2.46	3.14	3.96	3.89

根据专家打分结果，确定各因子标度取值见表 4.3-10。

表 4.3-10　　湿陷性黄土填方渠道各因子标度表

影响因子	填方高度	湿陷性等级	工程处理措施	边坡稳定情况	渠道防渗效果
标度	1	2	3	4	4

将填方高度进一步细分为 3 个等级：≤8m、>8～15m 和>15m。各因子标度取值见表 4.3-11。

表 4.3-11　　填方高度标度表

影响因子	≤8m	>8～15m	>15m
标度	1	2	3

将湿陷性黄土的工程处理措施进一步细分为 3 种情况：换填、强夯和土挤密桩。各因子标度取值见表 4.3-12。

表 4.3-12　　工程处理措施标度表

影响因子	换填	强夯	土挤密桩
标度	1	1	1

湿陷性等级、边坡稳定情况和防渗设施有效性的因子划分及标度取值与挖方渠道相同。

4.4 饱和砂土液化渠段

4.4.1 风险因子识别

饱和砂土渠段可能产生的工程风险事件主要是在发生地震情况下，渠基和渠系建筑物地基砂土液化造成地基震陷下沉变形、渠道边坡变形开裂、滑坡、漏水等问题。

采用风险因果分析图法，确定砂土液化渠段的风险因子如图 4.4-1、图 4.4-2 所示。风险因子主要包括：液化等级、边坡稳定情况、地震影响烈度和工程处理措施等。

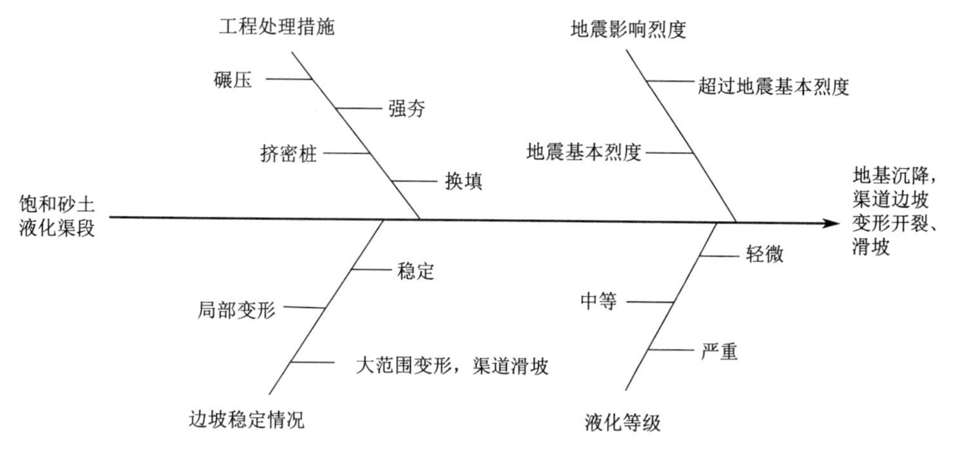

图 4.4-1 饱和砂土液化渠段风险因子鱼刺图

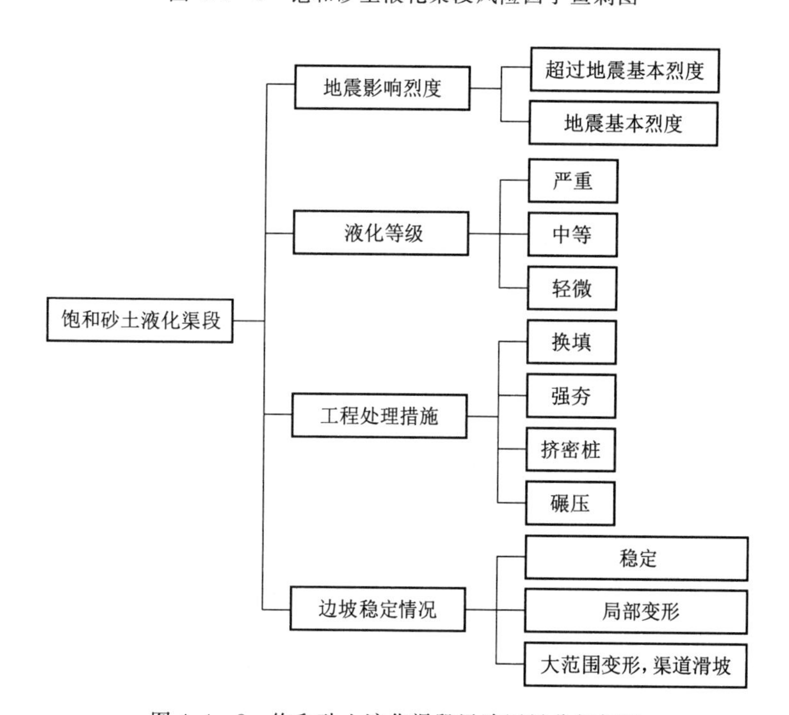

图 4.4-2 饱和砂土液化渠段风险因果分析框图

4.4.2 风险因子标度取值

根据标度的定义及各风险因子对渠道安全运行的影响程度，采用专家打分法确定各风险因子的标度取值，专家打分结果见表 4.4－1。

表 4.4－1　　饱和砂土液化渠段风险因子标度专家打分表

序号	地震影响烈度	液化等级	工程处理措施	边坡稳定情况
1	1	1	3	1/7
2	1	3	2	3
3	1	1	3	7
4	1	2	3	4
5	1	3	4	5
6	1	1	3	7
7	1	2	1	7
8	1	3	5	3
9	1	4	5	9
10	1	4	3	7
11	1	1/2	2	3
12	1	3	3	5
13	1	2	5	1/2
14	1	2	3	2
15	1	2	3	1/2
16	1	3	5	5
17	1	3	7	4
18	1	2	1/2	3
19	1	1/2	5	4
20	4	3	1	2
21	1	1	6	3
22	1	5	5	1/2
平均值	1.14	2.32	3.52	3.85

根据专家打分结果，确定各因子标度取值见表 4.4－2。

表 4.4－2　　饱和砂土液化渠段风险因子标度表

影响因子	地震影响烈度	液化等级	工程处理措施	边坡稳定情况
标度	1	2	4	4

将地震影响划分为 2 种情况：地震基本烈度和超过本区地震基本烈度。各因子标度取值见表 4.4-3。

表 4.4-3　地震影响烈度分级标度表

影响因子	地震基本烈度	超过本区地震基本烈度
标度	1	3

根据液化指数对液化等级进一步细分为 3 个等级：轻微、中等和严重。各因子标度取值见表 4.4-4。

表 4.4-4　砂土液化等级标度表

影响因子	轻微	中等	严重
标度	1	3	5

将工程处理措施分为 4 种情况：换填、挤密桩、强夯和碾压。各因子标度取值见表 4.4-5。表明四种措施都能够达到消除液化的目的，具有同等重要作用。

表 4.4-5　工程处理措施标度表

影响因子	换填	挤密桩	强夯	碾压
标度	1	1	1	1

将边坡稳定情况分为 3 种情况：稳定；局部变形，渠道有裂缝；边坡出现大范围裂缝，局部滑坡。各因子标度取值见表 4.4-6。

表 4.4-6　边坡稳定情况标度表

影响因子	稳定	局部变形，渠道有裂缝	边坡出现大范围裂缝，局部滑坡
标度	1	2	3

4.5 高地下水位渠段

4.5.1 风险因子识别

高地下水位渠段除前期勘察确定的高地下水位渠段外，还包括由于工程运行和后期地下水补给和排泄条件改变可能引起地下水位高于渠道设计水位的渠段。除高地下水位本身存在由于渠道排水不畅引起衬砌板隆起开裂和停水检修渠道边坡失稳问题外，地下水位变化还会增加膨胀岩（土）渠段、湿陷性黄土渠段和深挖方渠段的工程风险。

采用风险因果分析图法，确定高地下水位渠段的风险因子如图 4.4-1 和图 4.4-2 所示。高地下水位风险因子包括：岩土体透水性、地下水位超过设计值幅度、开挖边坡高度、渠道排水措施、排水设施有效性和边坡稳定情况。

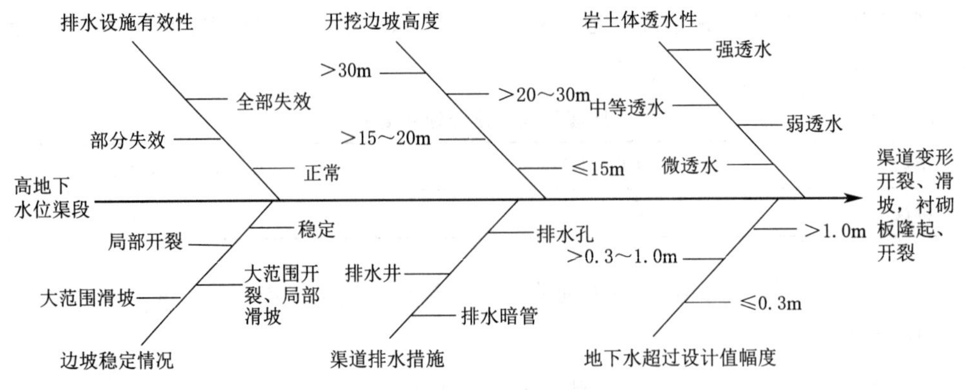

图 4.5-1 高地下水位渠段风险因子鱼刺图

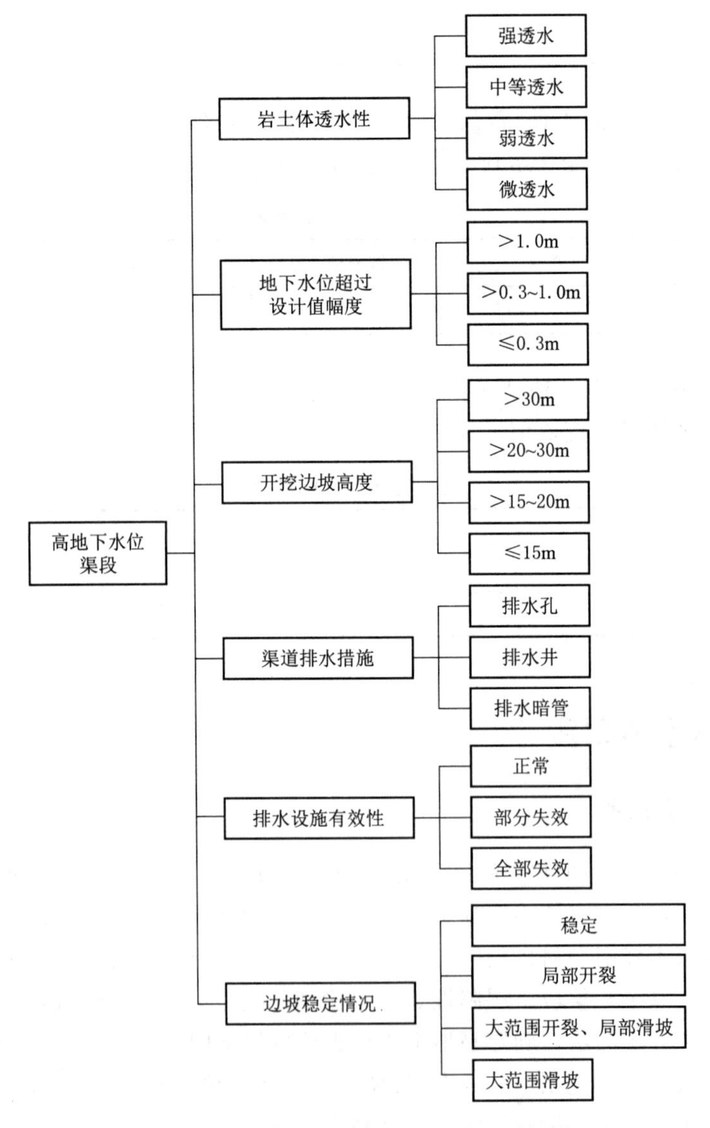

图 4.5-2 高地下水位渠段风险因子框图

4.5.2 风险因子标度取值

根据标度的定义及各风险因子对渠道安全运行的影响程度，采用专家打分法确定各风险因子的标度取值，专家打分结果见表 4.5-1。

表 4.5-1　　高地下水位渠段风险因子标度专家打分表

序号	开挖边坡高度	岩土体透水性	地下水位超过设计值幅度	渠道排水措施	边坡稳定情况	排水设施有效性
1	1	2	2	3	0.5	5
2	1	2	3	4	6	5
3	1	2	1	5	0.5	5
4	1	1/3	1/2	5	2	5
5	1	4	2	3	3	4
6	1	5	5	5	9	7
7	1	3	5	7	5	7
8	1	2	3	1/2	5	4
9	1	1/2	3	5	3	5
10	5	4	2	1	6	3
11	1	5	1	2	1	4
12	1	1	2	5	2	5
13	1	2	4	5	7	6
14	1	3	5	5	1/3	7
15	1	2	2	3	5	5
16	1	1	3	1/3	5	1/2
17	1	2	3	4	6	5
18	1	1	3	3	7	5
19	1	1	3	3	7	6
20	1	3	5	5	9	7
21	1	6	3	7	5	5
22	1	3	4	5	9	7
平均	1.18	2.49	2.93	3.90	4.70	5.11

根据专家打分结果，确定各因子标度取值见表 4.5-2。

表 4.5-2　　高地下水位渠段风险因子标度表

影响因子	岩土体透水性	地下水位超过设计值幅度	开挖边坡高度	渠道排水措施	排水设施有效性	边坡稳定情况
标度	2	3	1	4	5	5

将渠道开挖边坡高度进一步细分为 4 个等级：≤15m、＞15～20m、＞20～30m 和

>30m。各因子标度取值见表 4.5-3。

表 4.5-3 渠道开挖边坡高度标度表

影响因子	≤15m	>15～20m	>20～30m	>30m
标度	1	2	3	4

将岩土体渗透性分为 4 个等级：微透水、弱透水、中等透水和强透水。各因子标度取值见表 4.5-4。

表 4.5-4 岩土体透水性等级标度表

影响因子	微透水	弱透水	中等透水	强透水
标度	1	2	3	4

将地下水位超过设计值幅度分为 3 个等级：≤0.3m、>0.3～1.0m 和>1.0m 。各因子标度取值见表 4.5-5。

表 4.5-5 地下水位超过设计值幅度标度表

影响因子	≤0.3m	>0.3～1.0m	>1.0m
标度	1	3	5

将渠道排水措施分为 3 种情况：排水孔、排水井和排水暗渠（管）。各因子标度取值见表 4.5-6。

表 4.5-6 渠道排水措施等级标度表

影响因子	排水孔	排水井	排水暗渠（管）	三种措施同时采用
标度	1	1	1	3

将边坡稳定情况分为 4 种情况：稳定；局部开裂；大范围开裂、局部滑坡和大范围滑坡。各因子标度取值见表 4.5-7。

表 4.5-7 边坡稳定情况各因子标度表

影响因子	稳定	局部开裂	大范围开裂、局部滑坡	大范围滑坡
标度	1	2	3	4

将排水设施有效性细分为 3 种情况：正常、部分失效和大部分失效。各因子标度取值见表 4.5-8。

表 4.5-8 排水设施有效性标度表

影响因子	正常	部分失效	大部分失效
标度	1	3	5

4.6 煤矿采空区渠段

4.6.1 风险因子识别

煤矿采空区渠段可能产生的工程风险事件为采空区沉降导致渠道变形、开裂引起渠道渗漏、溃口风险。

采用风险因果分析图法，分别确定煤矿采空区挖方渠道和填方渠道的风险因子，如图4.6-1～图4.6-4所示。煤矿采空区风险因子包括：渠道与采空区的关系、开挖边坡高度、工程处理措施、地面稳定情况、采空区稳定情况。

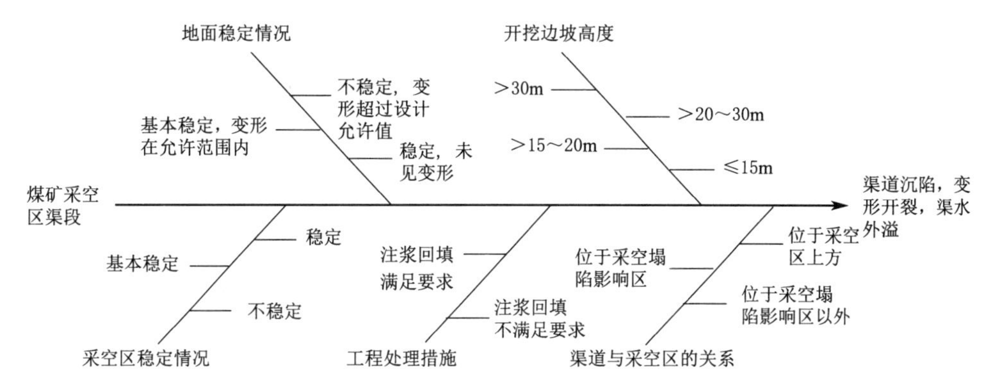

图4.6-1 煤矿采空区挖方渠道风险因子鱼刺图

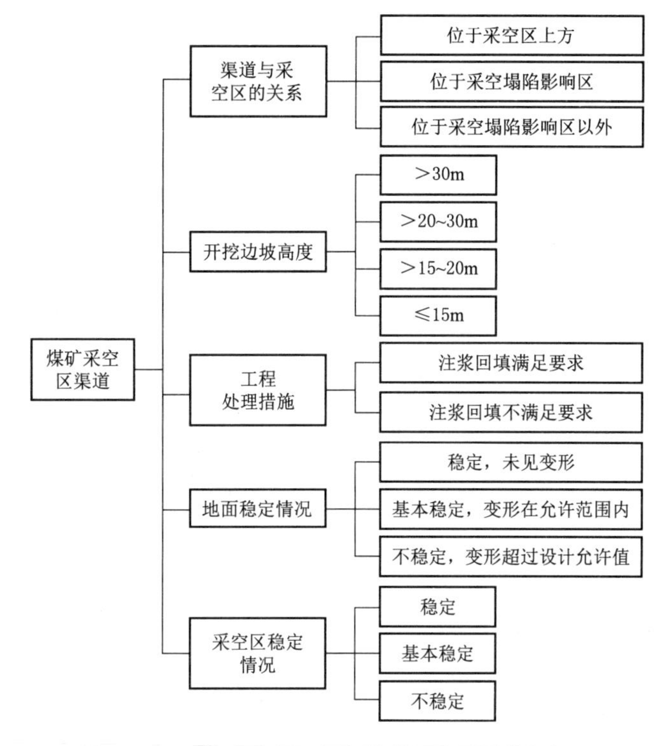

图4.6-2 煤矿采空区挖方渠道风险因果分析框图

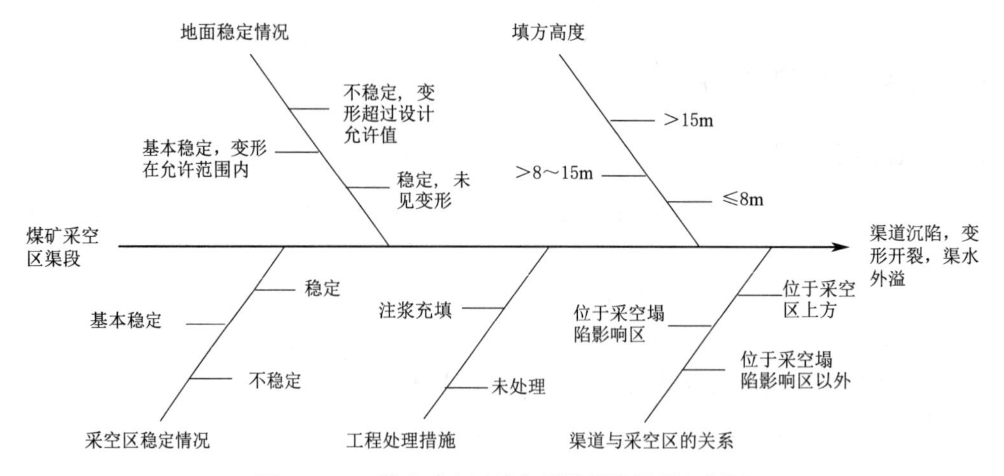

图4.6-3 煤矿采空区填方渠段风险因子鱼刺图

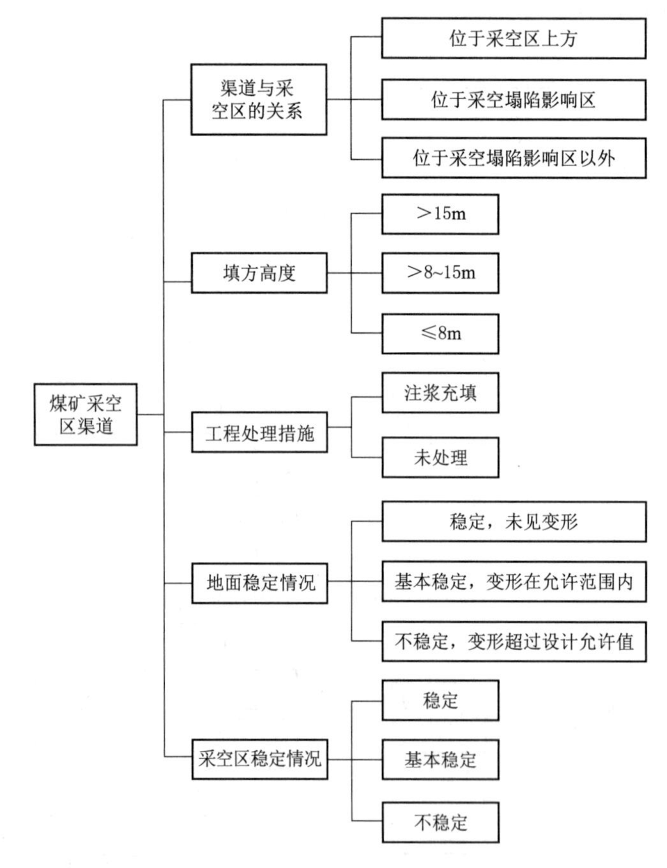

图4.6-4 煤矿采空区填方渠段风险因果分析框图

4.6.2 风险因子标度取值

根据标度的定义及各风险因子对渠道安全运行的影响程度，采用专家打分法确定各风险因子的标度取值，专家打分结果见表4.6-1。

表 4.6-1　　煤矿采空区渠段风险因子标度专家打分表

序号	渠道与采空区的关系	开挖边坡高度或填方高度	工程处理措施	地面稳定情况	采空区稳定情况
1	2	1	5	1/2	3
2	3	1	2	4	3
3	2	1	4	3	2
4	4	1	4	3	3
5	4	1	2	2	3
6	3	1	5	7	3
7	5	1	4	6	3
8	2	1	1/2	4	3
9	3	1	4	2	5
10	4	5	3	2	1
11	7	1	3	4	1
12	9	1	3	5	7
13	5	1	3	7	5
14	1/7	1	1/6	1/8	1/9
15	5	1	3	7	5
16	5	1	3	7	1
17	1/5	1	1/2	1/3	1/4
18	2	4	3	5	1
19	5	1	3	7	1
20	3	1	3	5	5
21	2	1	4	6	3
22	5	1	3	1/3	7
平均值	3.65	1.32	2.96	3.97	2.97

根据专家打分结果，确定风险因子标度见表 4.6-2。

表 4.6-2　　煤矿采空区渠段风险因子标度表

影响因子	开挖边坡高度或填方高度	采空区稳定情况	工程处理措施	渠道与采空区的关系	地面稳定情况
标度	1	3	3	4	4

将开挖边坡高度进一步细分为 4 种：≤15m、>15～20m、>20～30m、>30m。各因子标度取值见表 4.6-3。

表 4.6-3　　开挖边坡高度标度表

影响因子	≤15m	>15～20m	>20～30m	>30m
标度	1	3	5	7

将填方高度进一步细分为 3 个等级：≤8m、>8～15m、>15m。各因子标度取值表 4.6-4。

表 4.6-4 填方高度标度表

影响因子	≤8m	>8～15m	>15m
标度	1	3	5

将采空区塌陷变形稳定情况分为3种情况：稳定、基本稳定和不稳定。各因子标度取值见表4.6-5。

表 4.6-5 采空区稳定情况标度表

影响因子	稳定	基本稳定	不稳定
标度	1	3	5

将工程处理措施分为两种：未处理和注浆充填。各因子标度取值见表4.6-6。

表 4.6-6 工程处理措施情况因子标度表

影响因子	未处理	注浆充填
标度	1	3

将渠道与采空区的关系进一步细分为3种情况：渠道位于采空塌陷影响区以外；渠道位于采空区上方；渠道位于采空塌陷影响区内。各因子标度取值见表4.6-7。

表 4.6-7 渠道与采空区的关系标度表

影响因子	渠道位于采空塌陷影响区以外	渠道位于采空区上方	渠道位于采空塌陷影响区内
标度	1	3	5

根据采空区变形监测情况进一步分为3种：稳定；基本稳定，变形在允许范围内；不稳定，变形超过设计允许值。各因子标度取值见表4.6-8。

表 4.6-8 地面稳定情况标度表

影响因子	稳定	基本稳定，变形在允许范围内	不稳定，变形超过设计允许值
标度	1	3	5

4.7 深挖方渠段

4.7.1 风险因子识别

深挖方渠段可能产生的工程风险事件包括：边坡滑坡、开裂，衬砌板隆起、开裂，渠道渗漏等。

采用风险因果分析图法，确定深挖方渠道的风险因子。产生上述事件的原因岩体边坡和土体边坡是有差别的，因此对岩石渠道和土体渠道分别识别风险因子，如图4.7-1～图4.7-4所示。

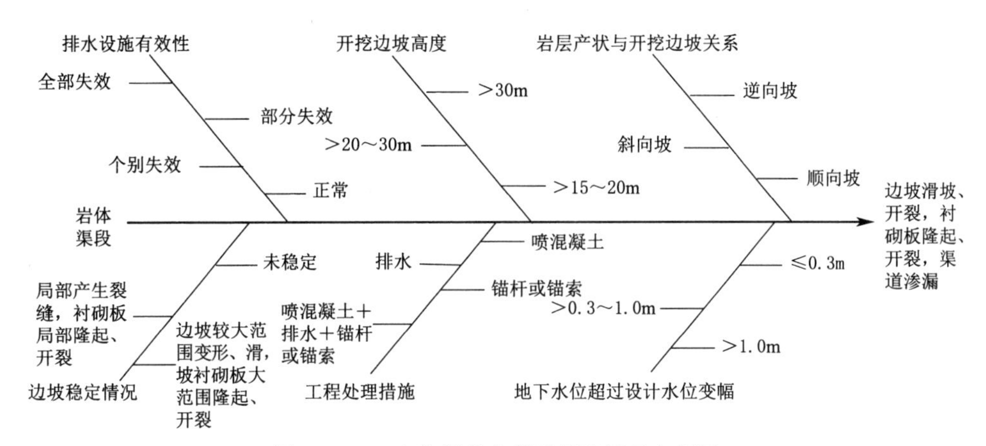

图 4.7-1　岩体深挖方渠道风险因子鱼刺图

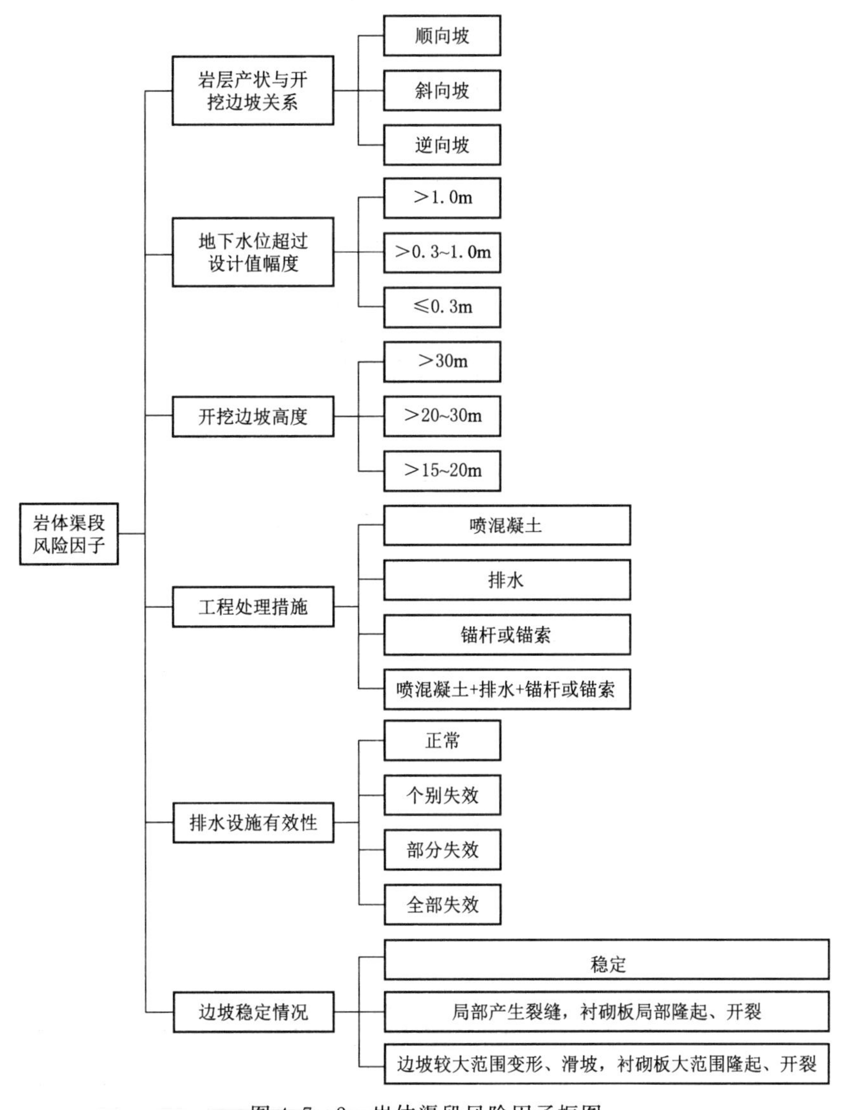

图 4.7-2　岩体渠段风险因子框图

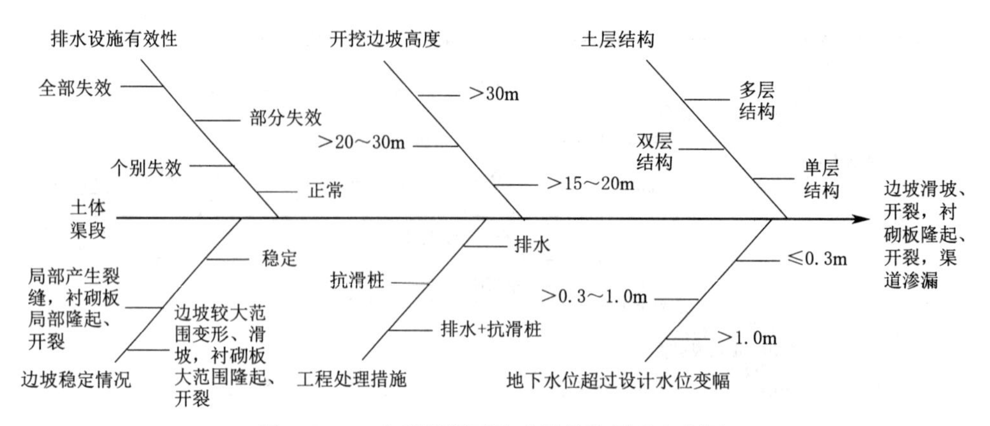

图 4.7-3 土质渠道开挖边坡风险因子鱼刺图

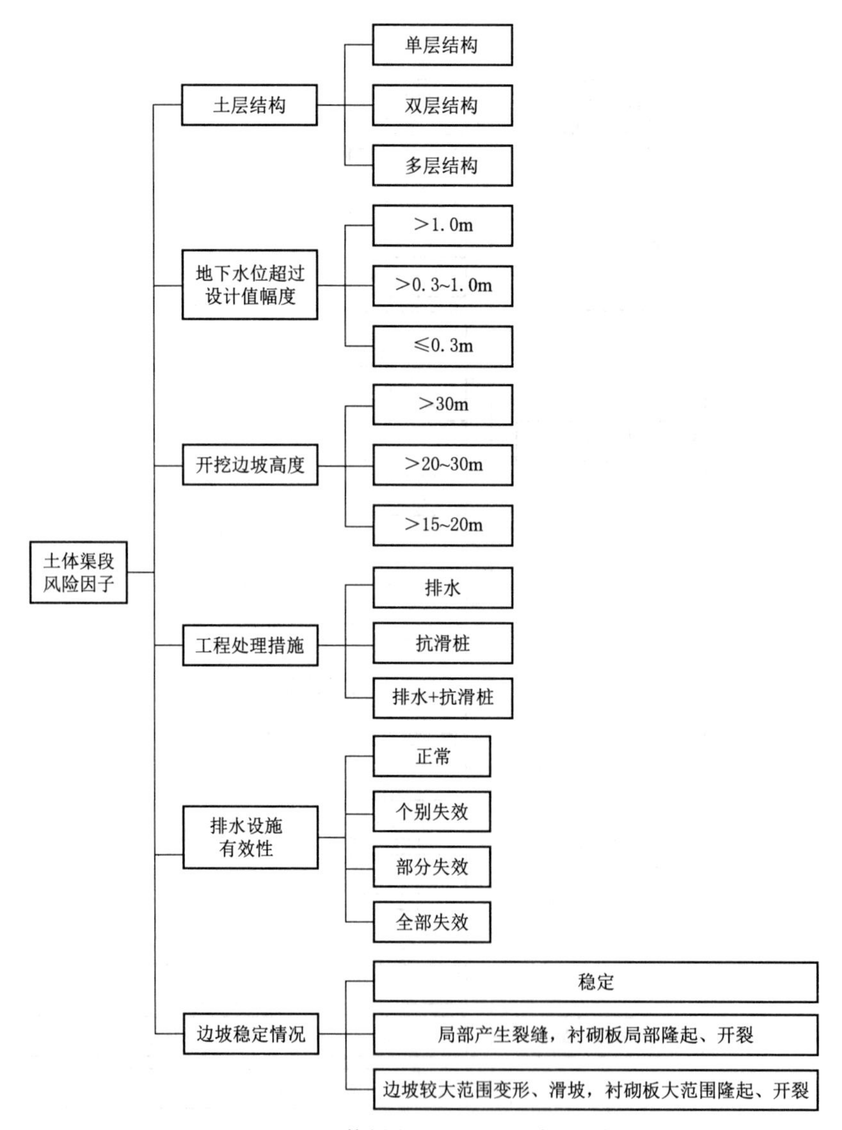

图 4.7-4 土体渠段开挖边坡风险因子框图

4.7.2 岩体渠道风险因子标度取值

岩体渠道风险因子包括：岩层产状与开挖边坡关系、开挖边坡高度、地下水位超过设计值幅度、工程处理措施、边坡稳定情况和排水设施有效性6个主要风险因子。

深挖方岩体渠段风险因子标度专家打分结果见表4.7-1。

表4.7-1 深挖方岩体渠段风险因子标度专家打分表

序号	开挖边坡高度	岩层产状与开挖边坡关系	工程处理措施	地下水位超过设计值幅度	边坡稳定情况	排水设施有效性
1	1	3	3	2	4	5
2	1	3	3	3	6	4
3	1	3	5	3	2	5
4	1	3	2	0.5	2	2
5	1	4	3	3	3	3
6	1	5	7	5	9	5
7	1	4	7	5	4	7
8	1	4	1/2	2	5	3
9	1	3	5	1	3	2
10	3	2	2	4	6	5
11	1	1	3	6	2	7
12	1	1	5	1/3	1/3	1
13	1	5	3	3	9	7
14	1	7	5	5	6	4
15	1	5	3	1	9	5
16	1	1/3	3	5	7	6
17	1	2	4	5	6	3
18	1	3	3	3	7	5
19	1	3	3	3	7	5
20	1	5	3	1/2	5	4
21	1	2	3	5	4	6
22	1	3	1	1/4	1/4	1
平均值	1.09	3.24	3.5	2.98	4.84	4.32

工程处理措施的有效运行也是工程安全运行的保证，渠道是否安全、有效运行是对前期施工质量的验证。具体反映在渠道边坡的稳定情况，如边坡是否存在裂缝、局部滑塌，衬砌板是否存在隆起、开裂情况等，因此边坡稳定情况排第一位。

地下水位及其变化与边坡稳定密切相关，而排水设施的排水效果对衬砌板和边坡稳定情况至关重要。因此排水措施有效性列第二位。

工程处理措施包括喷混凝土、打排水孔、打锚杆或锚索及3种措施的组合。3种措施根据边坡岩体的特性不同，有的单独采用，有的采用2种或者3种措施同时采用，是保证渠道边坡稳定运行的重要措施。工程运行是否安全与工程处理措施的有效性密切相关。因此工程处理措施与排水设施有效性排第三位。

地下水位超过设计值幅度大小与工程边坡稳定密切相关。地下水位上升增加边坡的内水压力，降低结构面的抗剪强度。天然降雨因素、渠道排水措施的有效性和区域地下水、地表水补排关系的改变，都会影响地下水位的变幅，渠道的边坡变形、衬砌板的隆起、开裂都会和地下水有关，其重要性应排第四位。

对于沉积岩边坡，岩层倾向和倾角与开挖边坡的坡面的关系，对边坡稳定影响起控制作用，在前期工程设计阶段是非常重要的因素。由于目前工程已经建成通水运行，前期工程设计和处理措施已考虑岩层产状对边坡的不利影响并采取相应工程处理措施。对于已经开挖揭露的岩层产状，不会因工程运行、通水而改变，但岩层产状与边坡的关系仍有一定的不确定性，因此排第五位。

渠道的开挖边坡高度对边坡稳定条件具有重要影响，同样的岩土体条件，随着边坡的高度增加，边坡的失稳可能性也相应增加。在前期工程设计阶段，边坡高度不同，对边坡稳定条件分析、开挖边坡坡比、采取的工程处理措施选取等的影响是非常大的。工程建成运行后，边坡高度是一个定值，基本不会产生变化。在6个因子中，其作用最低，列第六位。

根据上述分析并结合专家打分结果，确定深挖方岩体渠道影响因子标度见表4.7-2。

表4.7-2　　深挖方岩体渠段风险因子标度表

影响因子	岩层产状与开挖边坡关系	开挖边坡高度	地下水位超过设计值幅度	工程处理措施	边坡稳定情况	排水设施有效性
标度	3	1	3	4	5	4

对渠道开挖边坡高度进一步细分为3个等级：>15～20m、>20～30m、>30m。各因子标度取值见表4.7-3。

表4.7-3　　渠道开挖边坡高度标度表

影响因子	>15～20m	>20～30m	>30m
标度	1	3	5

对岩层产状与开挖边坡的关系进一步划分为3种情况：顺向坡、斜向坡和逆向坡。其标度因子取值见表4.7-4。

表4.7-4　　岩层产状与开挖边坡关系标度表

影响因子	顺向坡	斜向坡	逆向坡
标度	5	3	1

对地下水位超过设计值幅度进一步细分为 3 个等级：≤0.3m、＞0.3～1.0m、＞1.0m。各因子标度取值见表 4.7－5。

表 4.7－5　　地下水位超过设计值幅度标度表

影响因子	≤0.3m	＞0.3～1.0m	＞1.0m
标度	1	3	5

渠道采取的工程处理措施包括 3 种：喷混凝土、排水、锚杆或锚索。根据具体地质条件和其他因素，有时单独采用一种措施，有时 3 种措施同时使用。喷混凝土＋排水＋锚杆或锚索 3 种措施对于保证渠道安全具有同等重要作用，但 3 种措施同时运用对保证渠道安全运行的作用大于单独使用。各因子标度取值见表 4.7－6。

表 4.7－6　　工程处理措施标度表

影响因子	喷混凝土	排水	锚杆或锚索	喷混凝土＋排水＋锚杆或锚索
标度	1	1	1	3

边坡稳定情况直接影响渠道安全运行，对该因子进一步细分为 3 种：稳定；局部产生裂缝，衬砌板局部隆起、开裂；较大范围变形滑坡，衬砌板大范围隆起、开裂。各种因子标度取值见表 4.7－7。

表 4.7－7　　边坡稳定情况标度表

影响因子	稳定	局部产生裂缝，衬砌板局部隆起、开裂	较大范围变形、滑坡，衬砌板大范围隆起、开裂
标度	1	3	5

将渠道排水设施有效性进一步细分为 4 种情况：正常、个别失效、部分失效和全部失效。各因子标度取值见表 4.7－8。

表 4.7－8　　排水设施有效性标度表

影响因子	正常	个别失效	部分失效	全部失效
标度	1	2	3	4

4.7.3　土体渠道风险因子标度取值

如前所述，土体渠道的风险因子包括 6 项：土层结构、开挖边坡高度、地下水位超过设计值幅度、工程处理措施、边坡稳定情况和排水设施有效性。在专家打分的基础上，综合考虑各因子在渠道风险评估的重要地位、影响程度，相互之间的重要性排序，确定各因素的标度。

土体渠道风险因子专家打分结果见表 4.7－9。下面对各因子重要程度和标度取值作进一步风险分析。

表 4.7-9　　深挖方土体渠段风险因子标度专家打分表

序号	开挖边坡高度	土层结构	工程处理措施	地下水位超过设计值幅度	边坡稳定情况	排水设施有效性
1	1	1/2	5	3	4	4
2	1	2	3	3	5	4
3	1	1	5	3	2	5
4	1	1/2	3	1/3	2	5
5	1	2	4	3	2	5
6	1	3	5	7	9	5
7	1	3	7	5	4	7
8	1	1/3	1/2	2	4	4
9	1	1/2	5	3	4	5
10	3	4	1	5	6	4
11	1	1	7	3	2	6
12	1	1	9	2	1	3
13	1	1	1/3	1/2	1/3	5
14	1	3	4	5	7	6
15	1	2	2	1/2	5	4
16	1	1	3	3	7	5
17	1	4	5	2	6	3
18	1	3	4	5	2	4
19	1	1	3	3	7	5
20	1	3	4	2	9	7
21	1	2	5	3	4	4
22	1	3	2	4	9	7
平均值	1.09	1.90	3.95	3.06	4.61	4.86

工程处理措施包括换填、抗滑桩和排水措施，3 种措施根据边坡土体的特性不同，有的单独采用，有的同时采用 2 种或者 3 种，是保证渠道边坡稳定运行的重要措施。工程运行是否安全与工程处理措施的有效性密切相关。因此工程处理措施具有重要作用，排第二位。

工程处理措施的有效运行是工程安全运行的保证，渠道是否安全、有效运行是对前期施工质量的验证。边坡稳定与地下水位密切相关，而排水设施的排水效果是控制地下水的重要措施，对衬砌板和边坡稳定情况至关重要。渠道边坡的稳定情况，如边坡是否存在裂缝、局部滑塌，衬砌板是否存在隆起、开裂情况等，直接影响渠道能否正常、安全运行，也至关重要。因此把渠道边坡稳定情况和排水措施有效性并列第一位。

在工程运行期间，天然降雨因素、渠道排水措施的有效性和区域地下水、地表水补排关系的改变等，都会影响地下水位的变幅。地下水位超过设计值幅度与工程边坡稳定情况密切相关，是影响渠坡稳定、变形的重要因素之一。调查发现，总干渠渠道的边坡变形、衬砌板的隆起、开裂都与地下水有关，其重要性排第三位。

土体结构分为单层、双层和多层结构，由于各层土的物理力学特性差异，是决定边坡土体的工程特性的内在因素，在前期工程设计阶段是非常重要的因素，已经考虑了渠道运行期间不同工况土体特性的变化。考虑到前期工程设计和处理措施已充分考虑不同土体的力学特性，其对边坡稳定的不确定性较小，重要性明显下降，排第四位。

渠道的开挖边坡高度对边坡稳定条件具有重要影响，同样的岩土体条件，随着边坡的高度增加，边坡的失稳可能性也相应增加。在前期工程设计阶段，边坡稳定条件分析、开挖边坡坡比设计、工程处理措施选择等已经充分考虑了边坡高度，工程建成运行后，边坡高度是一个定值，基本不会产生变化。因此，在 6 个因子中排在第五位。

根据上述分析及专家打分结果，确定各风险因子标度取值见表 4.7－10。

表 4.7－10　　深挖方土质渠段风险因子标度表

影响因子	开挖边坡高度	土层结构	地下水位超过设计值幅度	工程处理措施	边坡稳定情况	排水设施有效性
标度	1	2	3	4	5	5

将渠道开挖边坡高度进一步细分为 3 个等级：＞15～20m、＞20～30m、＞30m。各因子标度取值见表 4.7－11。

表 4.7－11　　开挖边坡高度标度表

影响因子	＞15～20m	＞20～30m	＞30m
标度	1	3	5

将土层结构进一步划分为 3 种情况：单层结构、双层结构和多层结构。各因子标度取值见表 4.7－12。

表 4.7－12　　土层结构标度表

影响因子	单层结构	双层结构	多层结构
标度	1	2	3

将地下水位超过设计值幅度进一步细分为 3 个等级：≤0.3m、＞0.3～1.0m、＞1.0m。各因子标度取值见表 4.7－13。

表 4.7－13　　地下水位超过设计值幅度标度表

影响因子	≤0.3m	＞0.3～1.0m	＞1.0m
标度	1	3	5

渠道的工程处理措施是渠道安全运行的保证，有时单独采用，有时两种措施同时使用。抗滑桩和边坡排水对于保证渠道安全具有同等重要作用，但两种措施综合运用对保证渠道安全运行的作用大于单独使用。各因子标度取值见表 4.7－14。

表 4.7-14　　工程处理措施标度表

影响因子	排水	抗滑桩	排水和抗滑桩措施组合
标度	1	1	3

将边坡稳定情况进一步细分为 3 种情况：稳定；局部产生裂缝，衬砌板局部隆起、开裂；较大范围变形滑坡，衬砌板大范围隆起、开裂。各种因子标度取值见表 4.7-15。

表 4.7-15　　边坡稳定情况标度表

影响因子	稳定	局部产生裂缝，衬砌板局部隆起、开裂	较大范围变形滑坡，衬砌板大范围隆起、开裂
标度	1	2	3

将渠道排水设施有效性进一步细分为 4 种情况：正常、个别失效、部分失效和全部失效。各因子标度取值见表 4.7-16。

表 4.7-16　　排水设施有效性标度表

影响因子	正常	个别失效	部分失效	全部失效
标度	1	2	3	4

4.8 膨胀岩（土）与深挖方组合渠段

4.8.1 风险因子识别

根据现有资料，总干渠有很多膨胀岩（土）与深挖方的情况，而且这种组合的渠段渠坡稳定问题最突出，渠道运行风险因素最复杂。

可能产生的风险事件包括边坡变形、开裂和滑坡以及衬砌板隆起、变形和位移等。

根据前述膨胀岩（土）和深挖方渠段的特点，采用因果分析法识别风险因子，如图 4.8-1 所示。

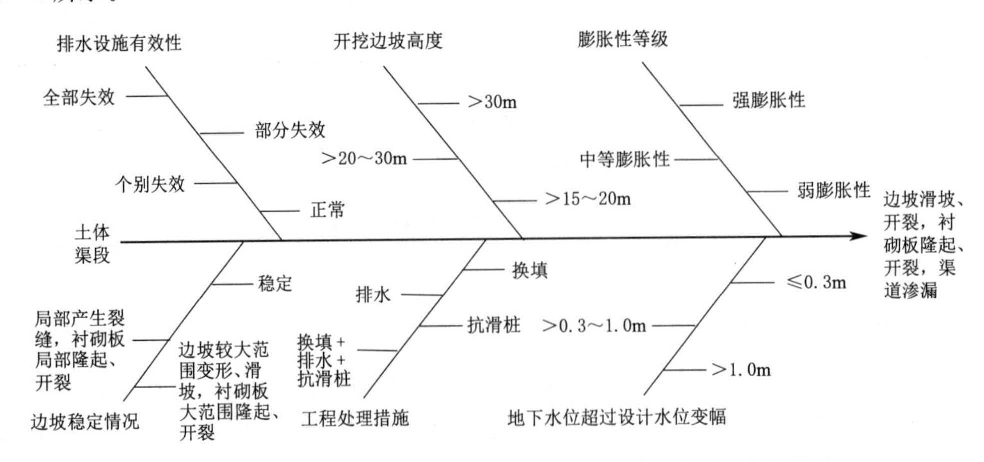

图 4.8-1　膨胀岩（土）与深挖方组合渠段的风险因子鱼刺图

由图 4.8-1 可知，膨胀岩（土）与深挖方组合渠道的风险因子与前面膨胀岩（土）渠段相同，主要包括开挖边坡高度、膨胀性等级、地下水位超过设计值幅度、工程处理措施、边坡稳定情况和排水设施有效性 6 个主要因子。与膨胀岩（土）渠段的差别是开挖深度分级不同。

4.8.2 风险因子标度取值

开挖边坡高度和膨胀岩（土）的膨胀性等级决定了边坡岩土体的工程处理措施和可能产生变形破坏特性，因此在前期设计阶段是决定边坡岩土体的工程特性的内在因素，其重要性比其他因素明显重要。工程运行后，由于已经进行相应的工程处理，其重要性明显降低，分别排第六位和第五位。

膨胀岩（土）的膨胀和收缩是通过水的作用产生的，水位的升高与下降会引起膨胀岩（土）体的胀缩性发生改变，是引起膨胀岩（土）体胀缩变形的外在因素，同时由于水位变幅引起的内水压力的变化对渠道衬砌板的变形影响也比较敏感，因此地下水位超过设计值幅度排第四位。

工程处理措施包括换填、抗滑桩和排水措施。3 种措施根据边坡岩土体的特性不同，有的单独采用，有的 2 种或 3 种同时采用，这是保证渠道边坡稳定运行的重要措施，与地下水位超过设计值幅度同等重要，并列第一位。

渠道边坡稳定情况是对前期设计和施工质量的验证，排第三位。排水设施有效性是保证高地下水位边坡稳定的重要措施，与边坡稳定情况并列第三位。

基于上述分析，并结合前面膨胀岩（土）渠段、高地下水位渠段和深挖方渠段的专家打分情况，综合确定各因子标度见表 4.8-1。

表 4.8-1　膨胀岩（土）与深挖方组合渠段风险影响因子标度表

影响因子	开挖边坡高度	膨胀性等级	地下水位超过设计值幅度	工程处理措施	边坡稳定情况	排水设施有效性
标度	1	2	3	4	5	5

将膨胀性等级进一步划分为 3 个等级：强膨胀性、中膨胀性和弱膨胀性。各因子标度取值见表 4.8-2。

表 4.8-2　膨胀性等级标度表

影响因子	弱膨胀性	中膨胀性	强膨胀性
标度	1	3	5

将地下水位超过设计值幅度进一步细分为 3 个等级：≤0.3m、>0.3～1.0m、>1.0m。各因子标度取值见表 4.8-3。

表 4.8-3　地下水位超过设计值幅度标度表

影响因子	≤0.3m	>0.3～1.0m	>1.0m
标度	1	3	5

将渠道开挖边坡高度进一步细分为 3 个等级：>15～20m、>20～30m、>30m。各因子标度取值见表 4.8－4。

表 4.8－4 开挖边坡高度标度表

影响因子	>15～20m	>20～30m	>30m
标度	1	3	5

渠道的工程处理措施包括换填、排水、抗滑桩，有时单独采用，有时 3 种措施同时使用。换填、抗滑桩和边坡排水对于保证渠道安全具有同等重要作用，但 3 种措施同时运用对保证渠道安全运行的作用大于单独使用。各因子标度取值见表 4.8－5。

表 4.8－5 工程处理措施标度表

影响因子	换填	排水	抗滑桩	换填＋排水＋抗滑桩组合
标度	1	1	1	3

将边坡稳定情况进一步细分为 3 种情况：未见变形；边坡局部产生裂缝，衬砌板局部隆起、开裂；边坡较大范围变形、滑坡，衬砌板大范围隆起、开裂。各因子标度取值见表 4.8－6。

表 4.8－6 边坡稳定情况标度表

影响因子	未见变形	边坡局部产生裂缝，衬砌板局部隆起、开裂	边坡较大范围变形、滑坡，衬砌板大范围隆起、开裂
标度	1	3	5

将渠道排水设施有效性进一步细分为 4 种情况：正常、个别失效、部分失效和全部失效。各因子标度取值见表 4.8－7。

表 4.8－7 排水设施有效性标度表

影响因子	正常	个别失效	部分失效	全部失效
标度	1	2	3	4

第 5 章

风险等级划分标准

5.1 风险等级标准的研究和制定技术路线

风险等级划分是风险评估的核心内容之一。风险等级划分明确适当，才能为对策措施的提出和风险管理提供基础条件。目前，国内外相关行业的风险等级标准多以风险发生的可能性和损失的不同程度来确定。近年来，我国的水利工程风险评估工作已取得了一定的成果，尤其在风险等级划分标准方面也积累了一些先进的经验，但这些经验主要是针对水库大坝的，对于南水北调中线工程特别是不良地质渠段是否合适，需要研究。

本章主要通过以下方式对南水北调中线工程不良地质条件渠段的风险等级标准进行研究。首先，收集国内外类似水利工程损毁案例，对国内外水利工程损毁案例的时间、背景、原因、损失等进行剖析；然后，通过现场调研、分析计算、工程类比等手段，参照国内外水利行业和其他行业已有的风险等级划分原则和标准，运用国际通行的风险评估和控制理论，对辨识出的各类风险因子、风险产生的原因和机理、导致风险事件发生的条件和概率、发生风险事件后产生的影响进行全面深入的分析；接着，根据中线工程的实际情况和各类风险源的特点，并结合我国《生产安全事故报告和调查处理条例》的有关规定，研究风险事件发生概率或可能性的分级标准；最后，建立风险等级划分体系，制定合理的风险等级标准。

风险等级标准的研究和制定技术路线见图 5.1-1。

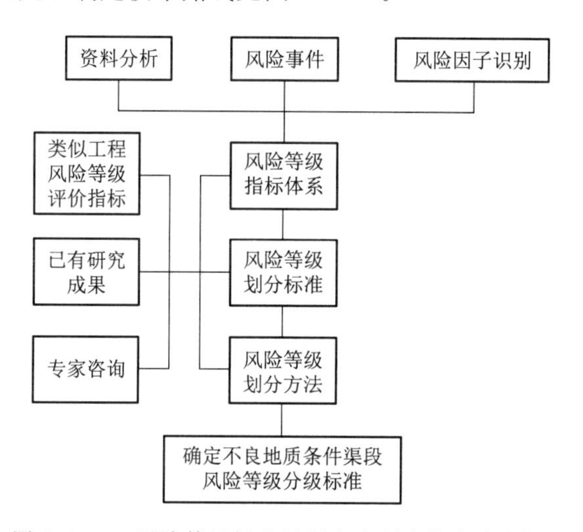

图 5.1-1　风险等级标准的研究和制定技术路线框图

5.2 国内外风险等级标准研究现状

风险评估研究有着悠久的历史，在世界多个国家和社会各个领域均有不同的研究成果积累。当获得风险估计的结果后，最重要的就是合理确定风险等级，才能进一步确定是否需要进行风险防控。风险评估过程中的风险等级划分标准制定是对风险因子管理的基础，在风险管理中扮演不可或缺的角色。风险等级划分明确适当，才能为对策措施的提出和风险管理提供技术依据和决策依据。风险标准通常可分为 3 种：可接受风险标准、可容忍风险标准以及不可容忍风险标准。这 3 个风险标准反映了人们对待风险的不同态度。可接受风险是指，如果风险的控制机制不变，任何会受到风险影响的人为了工作或者生活的目的，准备接受的风险；可容忍风险是指为了获取某种利润，能够忍受的风险，这种风险在一定的范围内，不能忽略或者不予处理，需要定期检查并尽量降低；不可容忍风险即为社会公众不能忍受的风险，必须予以处置。对于风险等级标准制定，目前国内尚无统一标准，但国外已有众多学者对风险等级进行了研究，诸如美国、澳大利亚、日本、荷兰、加拿大等国，国内地铁及地下工程行业、铁路运输行业以及水利行业对大坝安全风险的评估准则中均建立了相关的风险标准。

从目前风险评估理论的应用情况看，对于长距离调水工程风险等级的划分，还没有明确的规范和成熟的经验可以采用，特别是对于南水北调中线工程总干渠这样线路长、规模大、沿线条件复杂多变的工程，更没有可供参考的依据。在制定风险等级标准时，要充分借鉴国内外各行业关于安全风险评价等级划分标准的经验。

5.2.1 国外风险等级标准研究现状

在世界范围内影响较大，并且被国际标准组织（ISO）认可的国家性标准有澳大利亚-新西兰风险管理标准（AS/NZS 4360：2003）、加拿大风险管理标准 *Risk Management：Guideline for Decision Makers*（风险管理：决策者的指南，CAN/CSA-Q850-97）、美国陆军工程兵团编制的风险指南 *Tolerable Risk Guidelines for US Army Corps of Engineers Dams* 等。其中制定最早并且影响最大的当属澳大利亚-新西兰风险管理标准。这些标准均给出了风险等级标准的定义和具体分级。

一般认为，风险等级标准包括定性风险等级标准和定量风险等级标准。

定量风险标准是指在风险评价过程中用于确定风险分析定量计算结果是否可以被接受的判断准则，计算内容应包括生命风险计算、经济风险计算、环境风险计算和社会风险计算。对于大坝溃坝，对应的风险有：

（1）生命风险是指溃坝对下游生命构成的风险，是溃坝可能性与可能生命损失的乘积。生命损失的估算主要考虑 3 方面因素：风险人口，即处于溃坝影响范围内的、直接暴露于洪水中而没有撤离的人；暴露情况，即影响风险人口变动的各种因素，如天气、交通等；警报时间，即发布溃坝警报与溃坝洪水到达风险人口之间的时间。

（2）经济风险是指溃坝对下游经济构成的风险，是溃坝可能性与可能经济损失的乘积。其标准的制定可以根据溃坝所造成的经济损失比例以及当地的经济发展水平来确定。各地区经济发展存在不平衡性，经济水平较高地区，承受经济损失的能力较强，相反，经济水平较低的地区，承受经济损失的能力较低，如果采用相同的经济风险标准，对于发达地区可能过于严苛，由于经济损失较大，使得过多的水库被评为险库；而欠发达地区过于宽松，即使大坝安全性较差，由于经济损失较少，水库大坝的风险仍满足标准，达不到安全管理的目的。因此，应对不同地区制定不同的经济风险标准，使大坝安全管理与社会经济发展相适应。

（3）环境风险是指溃坝对生态、自然环境及人文遗产等构成的风险，包括可能被溃坝洪水毁坏的物质文化遗产、稀有动植物栖息地等。

（4）社会风险是指溃坝对下游地区生产生活的稳定性构成的风险，根据该地区的重要性、基础设施等方面进行评价。

生命风险是社会公众及政府最为关注的风险，相关的标准也最为详细和严格。国际上，关于生命风险标准的制定通常从以下 3 个方面考虑：生命单个风险标准、生命社会风险标准和最低合理可行原则（ALARP）原则。经济风险标准基本按照社会风险标准的形式给出，即大坝溃决造成经济损失量 N 元或更多经济损失不超过某一指标，该指标为 N 的函数，随 N 的增加而递减。由于环境风险和社会风险难以量化表达，目前研究成果较少，相关标准也难以制定。

以下具体给出澳大利亚和美国风险管理标准。因国际上其他国家的标准大多参考这两国的标准而制定，所以在此不做介绍。

1. 澳大利亚-新西兰标准

澳大利亚-新西兰风险管理标准（AS/NZS 4360：2004）建议尽量定量分析风险可能性或风险严重性，同时也建议应客观分析风险大小和较主观地衡量风险的可接受程度，并按优先次序排列，以便合理使用资源。另外，该标准认为，评估风险的方法很多，有定性分析法与定量分析法之分，选取哪种方法，要根据行业类别、风险性质和可承受风险水平的标准而定，但该标准未给出具体的风险等级。后来，澳大利亚标准委员会和新西兰标准委员会制定了一套辅助性的标准，例如，1999 年金融风险指南（SAA HB141—1999）、2000 年信息安全风险指南（SAA HB231—2000）和紧急风险管理（emergency risk management-applications guide）等，这些标准与澳大利亚-新西兰风险管理标准相辅相成，更增加了其实用性和广泛适用性。其中的一些标准将风险等级分为 5 级，属于定性分析法结果，具体分级见表 5.2-1。

表 5.2-1　　澳大利亚-新西兰风险等级分级表

可能性	影响					备注
	微不足道 1	轻微 2	中度 3	高度 4	灾难性 5	
大致确定 A	S	S	H	E	E	E：极高风险——应考虑停止工作，直至风险得到处理； H：高风险——必须尽快处理； S：重大风险——应订立行动时间表和行动方案； M：中度风险——应分散或转移责任； L：低度风险——照常工作
可能 B	M	S	S	H	E	
或可能 C	L	M	S	H	E	
不可能 D	L	L	M	S	H	
极不可能 E	L	L	M	S	S	

从表5.2-1可见，澳大利亚-新西兰风险等级划分为5级，给可能A～E赋5～1的量值，则5个等级相应的量值为1～4，3～6，4～12，10～16，20～25，存在交叉和不连续现象。

在定量分析标准中，澳大利亚大坝委员会（ANCOLD）根据本国人口年最低死亡率（1.0×10^{-4}）建议，已建坝对个人造成的生命单个风险概率如果是超过1.0×10^{-4}/a是不可容忍的，低于1.0×10^{-5}/a是可以接受的（这与核电站对周围单个生命构成的风险相当）。

对于生命社会风险标准，确定该标准的方法主要有两种：每年生命损失期望值法和F-N线法。每年生命损失期望值法是溃坝概率与死亡人数的乘积，通过确定年生命损失的目标值和极限值来确定生命社会风险标准。$F-N$线法中，N为死亡人数，F为N的累计分布函数，即大于等于N个生命损失的概率，通过确定$F-N$线来确定生命社会风险标准。实际上，每年生命损失期望值是$F-N$线包络的面积，由于每年生命损失期望值法不直观，而且不能很好地反映溃坝概率极低但是损失极大的风险，所以相比之下$F-N$线法在这些方面有着明显的优点。下面以ANCOLD制定的生命社会风险标准为例，说明$F-N$线法的含义。

如图5.2-1所示，以100人死亡为例，如果溃坝造成每年100人死亡的概率超过10^{-5}是不可容忍的，低于10^{-6}是可以接受的，两者之间的区域应采用ALARP原则降低风险。死亡人数越多，可接受风险的概率越低，表示公众社会对不同程度生命损失的可接受的水平是不同的。

ALARP原则，为最低合理可行（As Low As Reasonably Praticable，ALARP）原则，又称为“二拉平”原则，是当前国外风险可接受水平普遍采用的一种风险判断依据，在澳大利亚风险指南和澳大利亚新南威尔士州风险指南中首先被提出，如图5.2-2所示。在定量风险评价中，如果所评估出的风险指标在可忽略线和不可容忍线之间，则落入可容忍区，此时的风险水平符合ALARP原则，需要进行安全措施成本-效益分析，如果分析结果能够证明进一步增加安全措施投资对降低系统的风险水平贡献不大，则风险是可容忍的，即可以允许该风险的存在，以节省一定的成本。值得注意的是，澳大利亚的风险指南未明确给出具体ALARP原则，只提出了这一概念，在后来的美国标准中才提出具体详细的ALARP原则。

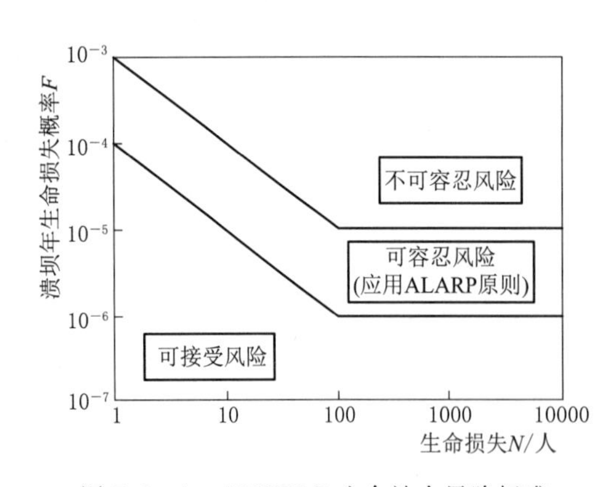

图5.2-1 ANCOLD生命社会风险标准

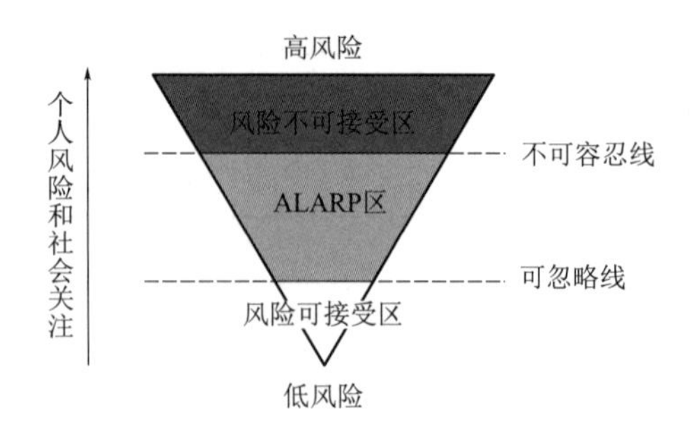

图5.2-2 风险判据原则——ALARP原则

经济风险标准的建立和社会风险标准的建立一样需要考虑社会的价值观念。经济风险标准的制定一般根据溃坝造成的经济损失比例和当时的社会经济发展水平来确定。在国外一般都是大坝业主根据自己承受风险的能力来确定经济风险标准，重点是根据

ALARP 原则来降低经济风险。图 5.2-3 为目前 ANCOLD 制定的经济风险标准。它是在 ANCOLD 对大量大坝进行风险分析和风险评价的基础上得出的。

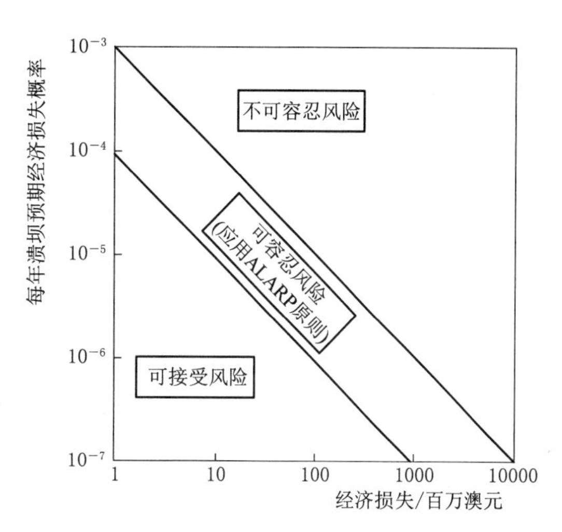

图 5.2-3　澳洲经济风险标准

2. 美国标准

美国陆军工程兵团（USACE）于 2009 年 5 月制定了可容忍风险指南 *Tolerable Risk Guidelines for US Army Corps of Engineers Dams*。该指南提出了相应的定量标准：生命单个风险标准、生命社会风险标准和 ALARP 原则。

该指南指出，无论是已建坝，还是新建坝、需大修加固坝，其生命单个风险标准中的风险概率均需要考虑到大坝溃坝概率、大坝溃坝洪水淹没的居住范围、溃坝时间（溃坝季节）等；其生命社会风险标准的风险概率由大坝的所有可能溃坝条件、溃坝模式和溃坝洪水淹没范围综合确定，而已建坝和新建坝、需大修加固坝之间生命单个风险标准和生命社会风险标准中的 $F-N$ 准则有所不同，如图 5.2-4 和图 5.2-5 所示。另外，该指南具体给出了生命社会风险标准中的生命损失期望值判断标准，见表 5.2-2。

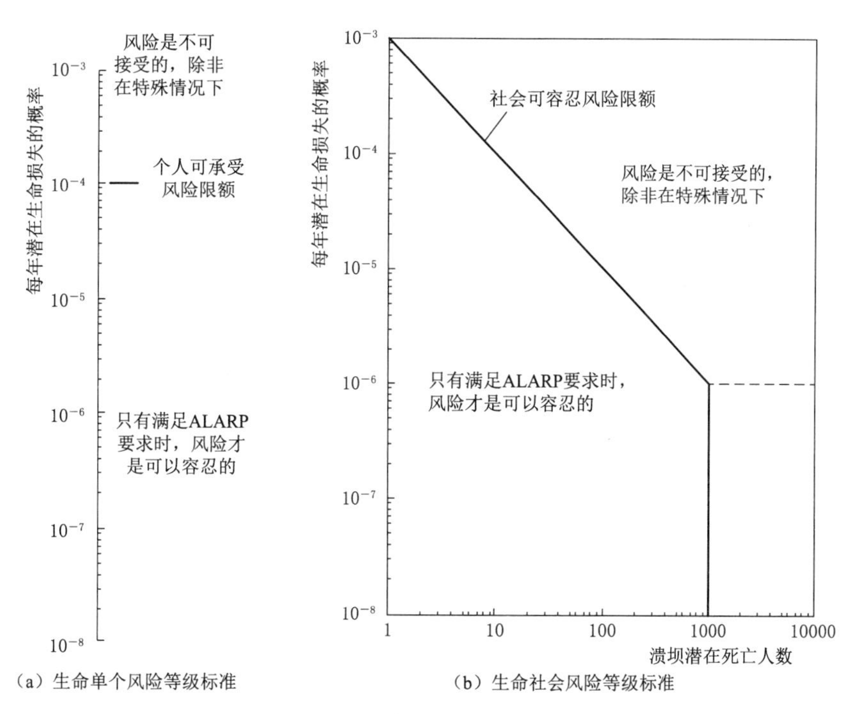

（a）生命单个风险等级标准　　（b）生命社会风险等级标准

图 5.2-4　已建坝生命风险等级标准

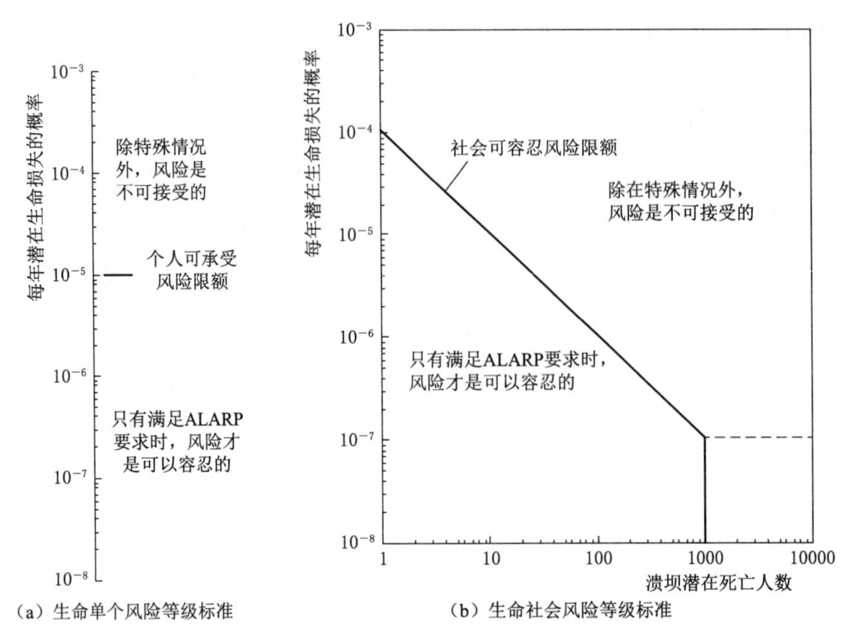

（a）生命单个风险等级标准　（b）生命社会风险等级标准

图 5.2-5　新建坝和需大修加固坝生命风险等级标准

表 5.2-2　美国生命损失期望值判断标准

ALL 值	风险等级	风险决策
>0.01	不可接受风险	应立即采取措施规避风险
[0.001，0.01]	可容忍风险	暂时可以不采取措施，后期需采取措施规避风险
(0，0.001]	可接受风险	可以不采取措施，但需谨慎操作和管理

美国标准的 ALARP 原则图，如图 5.2-6 所示。

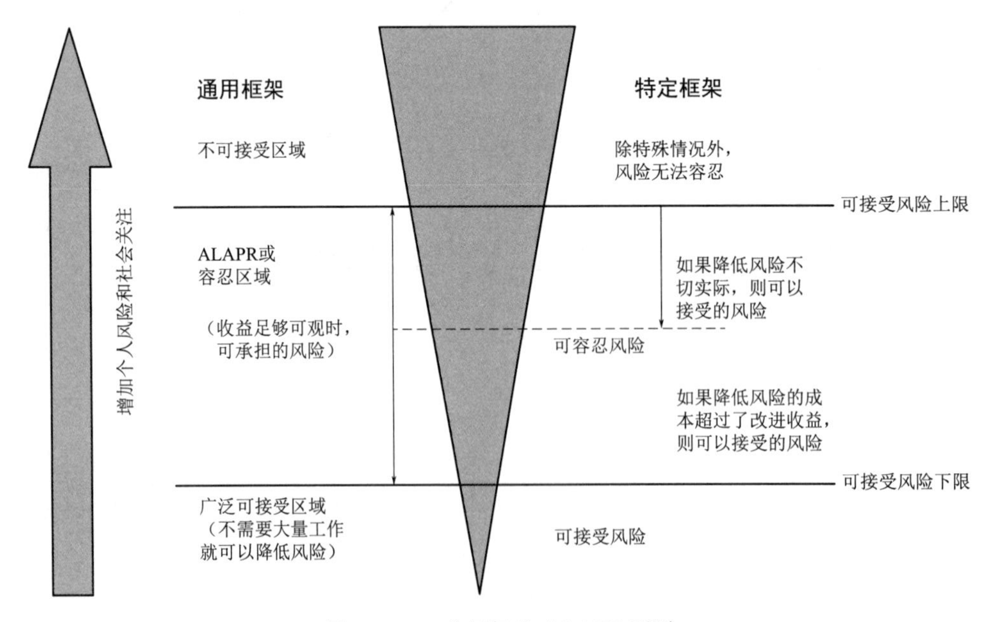

图 5.2-6　美国标准 ALARP 原则

美国大坝风险指南指出，越是低于可容忍风险线的风险，应用 ALARP 原则降低风险的效果越差。该指南认为费用-效益比的范围与应用 ALARP 原则规避风险的效果见表 5.2-3 和表 5.2-4。

表 5.2-3　　低于可容忍风险线时应用 ALARP 原则的依据表

ALARP 原则效果	费用-效益比范围		ALARP 原则效果	费用-效益比范围	
非常强烈	≥0	<1	适当	≥4	<20
强烈	≥1	<4	微弱	≥20	

表 5.2-4　　稍高于可容忍风险线时应用 ALARP 原则的依据表

ALARP 原则效果	费用-效益比范围		ALARP 原则效果	费用-效益比范围	
非常强烈	≥0	<0.3	适当	≥1	<6
强烈	≥0.3	<1	微弱	≥6	

5.2.2 国内风险等级标准研究现状

自 1998 年长江流域发生特大洪水灾害之后，国家对水利行业中大坝的风险分析工作极为重视，国内众多学者对此也进行了相关的研究。陈肇和、李其军等综合应用随机水文学、随机水力学等学科知识，全面考虑洪水、风浪、库容和泄水能力的不确定性，建立了土坝对抗洪水和风浪联合作用下的漫坝风险理论，并提出了风险取值标准；肖义等详细探讨了基于风险分析和可接受风险水平的大坝水文安全评估方法，提出了考虑大坝事故概率和事故损失的水文风险估算公式，对大坝水文风险和安全度进行了定量评估；梅亚东评述了目前采用的基于危害性分类的大坝防洪安全设计标准，讨论了正在发展中的以风险分析为基础的大坝防洪安全设计标准，并提出了大坝安全可接受的风险值及大坝失事概率，分析了大坝失事的主要后果及其估算方法，为风险分析在大坝防洪安全评价中的应用创造条件；岑慧贤着重论述了可接受风险的概念及界定方法，丰富了风险研究的理论及方法，为风险管理提供了有意义的参考；王本德将标准风险评估方法应用到水库洪水标准的风险分析中，并以柴河水库为例，验证了用于水库洪水标准的风险分析方法具有可行性；王健从自然灾害社会可接受风险研究角度出发，借鉴国内外社会可接受风险水平及风险标准，对社会可接受风险基本理论和研究方法进行了研究，并以我国洪涝灾害社会可接受风险水平表达的研究为例，结合 $F-N$ 曲线以及 ALARP 法则来表达我国洪涝灾害社会可接受风险水平。

除水利行业之外，其他行业专家学者也对风险等级的划分进行了大量的研究。陈慧阳等通过分析我国交通事故的现状，采用平均数算法确定我国交通事故可接受风险标准的上、下限值，进而求得 $F-N$ 曲线，确定了我国交通事故可接受风险标准值；李漾等对工程风险分析技术中可接受水平的表征和确定准则以及对影响可接受风险确定的因素进行了分析，并对石化装置的可接受风险水平进行了初步探讨。从技术角度，利用 $F-N$ 曲线并结合石化装置工程国家标准对人员伤亡的相关规定、石化行业事故发生的实际情况以及排放标准，分别对人的生命可接受风险水平、经济可接受风险水平以及环境可接受风险水平进行确定；之后，李漾等又进一步制定了一个合理可行的石化行业的可接受风险准则。将

$F-N$ 曲线、ALARP 准则分别与人员伤亡事故概率、经济损失事故概率以及废气、废水、固体废物和土壤污染4种环境污染因子组成的环境评价指标相结合，给出了3种风险的可接受水平公式，对风险可接受水平区间进行划分，并提出了需同时满足可接受生命风险、经济风险和环境风险的确定石化行业可接受风险水平的方法等。

5.2.2.1 国内有关行业风险等级标准研究现状

目前，国内其他行业制定的风险标准主要有4个：《公路桥梁和隧道工程设计安全风险评估指南（试行）》《铁路隧道风险评估暂行规定》《地铁及地下工程建设风险管理指南》和《中央企业全面风险管理指引》。

1.《公路桥梁和隧道工程设计安全风险评估指南（试行）》

《公路桥梁和隧道工程设计安全风险评估指南（试行）》（交公路发〔2010〕175号附件）适用于公路工程初步设计及施工图设计阶段桥梁和隧道工程安全风险评估。公路桥梁和隧道工程设计安全风险等级分为Ⅰ级（低度风险）、Ⅱ级（中度风险）、Ⅲ级（高度风险）、Ⅳ级（极高风险）。Ⅰ级、Ⅱ级、Ⅲ级、Ⅳ级分别以绿、黄、橙、红示出。该指南安全风险等级要求见表5.2-5。

表5.2-5 安全风险等级

风险等级	要求
Ⅰ	风险水平可以接受，当前应对措施有效，不必采取额外技术、管理方面的预防措施
Ⅱ	风险水平有条件接受，工程有进一步实施预防措施以提升安全性的必要
Ⅲ	风险水平有条件接受，必须实施削减风险的应对措施，并需要准备应急计划
Ⅳ	风险水平不可接受，必须采取有效应对措施将风险等级降低到Ⅲ级及以下水平；如果应对措施的代价超出项目法人（业主）的承受能力，则更换方案或放弃项目执行

该指南指出，公路桥梁和隧道工程设计安全风险等级，应结合风险发生概率等级和风险损失等级确定。

工程安全风险发生概率等级分为1级、2级、3级、4级、5级。各等级判断标准见表5.2-6。

表5.2-6 风险发生概率等级判断标准

等级	定量判断标准（概率区间）	定性判断标准	备注
1	$P_f<0.0003$	几乎不可能发生	（1）P_f 为概率值，当概率值难以取得时，可用年发生频率代替。 （2）风险发生概率等级应优先采用定量判断标准确定。当无法进行定量计算时，可采用定性判断标准确定
2	$0.0003\leqslant P_f<0.003$	很少发生	
3	$0.003\leqslant P_f<0.03$	偶然发生	
4	$0.03\leqslant P_f<0.3$	可能发生	
5	$P_f\geqslant 0.3$	频繁发生	

注 风险损失等级分为1级、2级、3级、4级、5级。应按人员伤亡等级、经济损失等级及环境影响等级等因素确定。当多种损失同时产生时，应采用就高原则确定风险损失等级。

其中，人员伤亡等级的判断标准见表5.2-7，经济损失等级的判断标准见表5.2-8，环境影响等级的判断标准见表5.2-9。

表 5.2-7 人员伤亡等级判断标准

等级	判断标准	备注
1	重伤人数5人以下	（1）参考《生产安全事故报告和调查处理条例》和《企业职工伤亡事故分类标准》（GB 6441—86）。 （2）“以上”包含本数，“以下”不包含本数
2	3人以下死亡（含失踪）或5人以上、10人以下重伤	
3	3人以上、10人以下人员死亡（含失踪）或10人以上、50人以下重伤	
4	10人以上、30人以下人员死亡（含失踪）或50人以上、100人以下重伤	
5	30人以上人员死亡（含失踪）或100人以上重伤	

表 5.2-8 经济损失等级判断标准

等级	判断标准	备注
1	经济损失500万元以下	（1）参考《生产安全事故报告和调查处理条例》。 （2）对总造价较低的工程，如石拱桥等，可采用相对经济损失进行判定。 （3）“以上”包含本数，“以下”不包含本数
2	经济损失500万以上、1000万元以下	
3	经济损失1000万以上、5000万元以下	
4	经济损失5000万以上、10000万元以下	
5	经济损失10000万以上	

表 5.2-9 环境影响等级判断标准

等级	判断标准	备注
1	涉及范围很小，无群体性影响，需紧急转移安置人数50人以下	参考《建设项目环境保护管理条例》和《中华人民共和国环境影响评价法》
2	涉及范围较小，一般群体性影响，需紧急转移安置人数50人以上、100人以下	
3	涉及范围大，区域正常经济、社会活动受影响，需紧急转移安置人数100人以上、500人以下	
4	涉及范围很大，区域生态功能部分丧失，需紧急转移安置人数500人以上、1000人以下	
5	涉及范围非常大，区域内周边生态功能严重丧失，需紧急转移安置人数1000人以上，正常的经济、社会活动受到严重影响	

根据安全风险发生概率等级和损失等级，按表5.2-10确定风险等级。

表 5.2-10 风险等级表

风险发生概率	风险损失				
	1	2	3	4	5
1	Ⅰ	Ⅰ	Ⅱ	Ⅱ	Ⅲ
2	Ⅰ	Ⅱ	Ⅱ	Ⅲ	Ⅲ
3	Ⅱ	Ⅱ	Ⅲ	Ⅲ	Ⅳ
4	Ⅱ	Ⅲ	Ⅲ	Ⅳ	Ⅳ
5	Ⅲ	Ⅲ	Ⅳ	Ⅳ	Ⅳ

注 参考国际隧道协会 *Guidelines for Tunnelling Risk Management*。

2.《铁路隧道风险评估暂行规定》

《铁路隧道风险评估暂行规定》（铁建设〔2007〕200 号）主要适用于新建铁路隧道。铁路隧道风险分级包括事故发生概率的等级标准、事故发生后果的等级标准和风险的等级标准。

该规定将事故发生概率的等级分成 5 级，见表 5.2-11。

表 5.2-11　概率等级标准

概率范围	中心值	概率等级描述	概率等级	备　注
＞0.3	1	很可能	5	（1）当概率值难以取得时，可用频率代替概率；（2）中心值代表所给区间的对数平均值
＞0.03～0.3	0.1	可能	4	
＞0.003～0.03	0.01	偶然	3	
＞0.0003～0.003	0.001	不可能	2	
≤0.0003	0.0001	很不可能	1	

事故发生后果的等级分成五级，各种后果的等级标准如下：

（1）经济损失是指风险事故发生后造成工程项目发生的各种费用的总和，包括直接费用和事故处理所需的各种费用，见表 5.2-12。

表 5.2-12　经济损失等级标准

后果定性描述	灾难性的	很严重的	严重的	较大的	轻微的	备　注
后果等级	5	4	3	2	1	“～”含义为包括上限值而不包括下限值
经济损失/万元	＞1000	＞300～1000	＞100～300	＞30～100	≤30	

（2）人员伤亡是指在参与施工活动过程中人员所发生的伤亡，依据人员伤亡的类别和严重程度进行分级，见表 5.2-13。

表 5.2-13　人员伤亡等级标准

后果定性描述	灾难性的	很严重的	严重的	较大的	轻微的
后果等级	5	4	3	2	1
死亡 F（含失踪）、重伤 SI、轻伤 MI 人数/人	$F>9$	$2<F\leqslant 9$ 或 $SI>10$	$1\leqslant F\leqslant 2$ 或 $1<SI\leqslant 10$	$SI=1$ 或 $1<MI\leqslant 10$	$MI=1$

（3）工期延误是指工程风险事故引起的工程建设时间的延长。对不同性质的工程和建设工期，采用不同的绝对延误时间，见表 5.2-14。

表 5.2-14　工期延误等级标准

后果定性描述	灾难性的	很严重的	严重的	较大的	轻微的	备　注
后果等级	5	4	3	2	1	“～”含义为包括上限值而不包括下限值
延误时间 1（控制工期工程）（月/单一事故）	＞10	＞1～10	＞0.1～1	＞0.01～0.1	≤0.01	
延误时间 2（非控制工期工程）（月/单一事故）	＞24	＞6～24	＞2～6	＞0.5～2	≤0.5	

（4）环境影响是指隧道施工对周围建（构）筑物破坏或损害、环境污染等，根据其影响程度进行分级，见表5.2-15。表5.2-15中“临时的”是指在施工工期以内可以消除；“长期的”是指在施工工期以内不能消除，但不会是永久的；“永久的”是指不可逆转或不可恢复的。

表5.2-15　环境影响等级标准

后果定性描述	灾难性的	很严重的	严重的	较大的	轻微的
后果等级	5	4	3	2	1
环境影响描述	永久的且严重的	永久的但轻微的	长期的	临时的但严重的	临时的且轻微的

根据事故发生的概率和后果等级，将风险等级分为5级，见表5.2-16：

表5.2-16　风险等级标准

概率等级		后果等级				
		轻微的	较大的	严重的	很严重的	灾难性的
		1	2	3	4	5
很可能	5	高度	高度	极高	极高	极高
可能	4	中度	高度	高度	极高	极高
偶然	3	中度	中度	高度	高度	极高
不可能	2	低度	中度	中度	高度	高度
很不可能	1	低度	低度	中度	中度	高度

铁路隧道风险接受准则与处理措施见表5.2-17。

表5.2-17　风险接受准则与处理措施

风险等级	接受准则	处理措施
低度	可忽略	此类风险较小，不需采取风险处理措施和监测
中度	可接受	此类风险次之，不需采取风险处理措施，但需予以监测
高度	不期望	此类风险较大，必须采取风险处理措施降低风险并加强监测，且满足降低风险的成本不高于风险发生后的损失
极高	不可接受	此类风险最大，必须高度重视并规避，否则要不惜代价将风险至少降低到不期望的程度

3.《地铁及地下工程建设风险管理指南》

《地铁及地下工程建设风险管理指南》（建质〔2007〕254号）适用于城市轨道交通工程涉及的地铁及地下工程建设期的技术风险管理。

该指南规定，根据工程风险发生的概率（或频率）可分为5级，具体等级标准见表5.2-18。

表5.2-18　工程风险概率等级标准

等　级	A	B	C	D	E
事故描述	不可能	很少发生	偶尔发生	可能发生	频繁
风险事故发生概率P	$P<0.01\%$	$0.01\%\leqslant P<0.1\%$	$0.1\%\leqslant P<1\%$	$1\%\leqslant P<10\%$	$P\geqslant 10\%$

考虑不同风险损失的严重程度，建立风险损失的等级标准见表5.2-19。这里的不同风险损失包括工程自身、第三方或周边区域环境，等级标准见后。

表5.2-19 工程风险损失等级标准

等级	1	2	3	4	5
描述	可忽略的	需考虑的	严重的	非常严重的	灾难性的

根据不同的风险概率等级和风险损失等级，建立风险分级评价矩阵（简称风险评价矩阵）。风险评价矩阵见表5.2-20。

表5.2-20 风险评价矩阵

风险等级		风险损失				
		1. 可忽略	2. 需考虑	3. 严重	4. 非常严重	5. 灾难性
发生概率	A：$P<0.01\%$	一级	一级	二级	三级	四级
	B：$0.01\%\leqslant P<0.1\%$	一级	二级	三级	三级	四级
	C：$0.1\%\leqslant P<1\%$	一级	二级	三级	四级	五级
	D：$1\%\leqslant P<10\%$	二级	三级	四级	四级	五级
	E：$P\geqslant 10\%$	二级	三级	四级	五级	五级

由表5.1-20可知，风险等级分为5级。若将发生概率A～E分别给量值1～5，则五级相应的风险量值分别为1～3，3～6，4～10，5～16，15～25，区间存在交叉现象。

针对不同等级的风险而采用不同的风险控制对策与处置措施，结合风险评价矩阵，不同等级风险的接受准则和控制对策见表5.2-21。

表5.2-21 风险接受准则和控制对策

等级	接受准则	控制对策	应对部门
一级	可忽略的	日常管理和审视	工程建设参与各方
二级	可容许的	需注意，加强日常管理审视	
三级	可接受的	引起重视，需防范、监控措施	
四级	不可接受的	需决策、制定控制、预警措施	政府部门及工程建设参与各方
五级	拒绝接受的	立即停止，整改、规避或启动应急预案	

（1）工程自身风险损失。工程自身风险损失包括：直接经济损失、人员伤亡和工期损失。

1）直接经济损失。直接经济损失是指工程风险事故发生后所造成工程项目发生的各种直接费用总称，包括工程建设的直接费用及事故修复所需的费用等，直接经济损失等级的定义采用直接经济损失费用总量表示。参考国务院《生产安全事故报告和调查处理条例》，确定等级标准见表5.2-22。

表5.2-22 直接经济损失等级标准

损失等级	1	2	3	4	5
经济损失 EL/万元	$EL<500$	$500\leqslant EL<1000$	$1000\leqslant EL<5000$	$5000\leqslant EL<10000$	$EL\geqslant 10000$

2）人员伤亡。人员伤亡是指与工程直接相关的各类建设人员，在参与施工过程中所发生的伤亡。参考国务院《生产安全事故报告和调查处理条例》和《企业职工伤亡事故分类标准》（GB 6441—86），确定等级标准见表5.2-23。

表5.2-23　人员伤亡等级标准

损失等级	1	2	3	4	5
重伤 SI 或死亡 F（含失踪）人数/人	$SI<5$	$5\leqslant SI<10$ 或 $F<3$	$10\leqslant SI<50$ 或 $3\leqslant F<10$	$50\leqslant SI<100$ 或 $10\leqslant F<30$	$SI\geqslant 100$ 或 $F\geqslant 30$

3）工期损失。工期损失是指工程风险事故引起工程建设延误的时间。针对不同的工程类型和建设工期，采用两种不同单位标准表示，建设工期两年以内的短期工程采用天表示，建设工期两年以上的长期工程采用月表示，具体等级标准见表5.2-24。非合理性的工期提前所引起的工程损失也可参考此标准执行。

表5.2-24　工期损失等级标准

损失等级		1	2	3	4	5
短期工程	延误时间 T/天	$T<10$	$10\leqslant T<30$	$30\leqslant T<60$	$60\leqslant T<90$	$T\geqslant 90$
长期工程	延误时间 T/月	$T<1$	$1\leqslant T<3$	$3\leqslant T<6$	$6\leqslant T<12$	$T\geqslant 12$

注　每月按30天计。

（2）第三方损失。第三方损失是指工程施工引起周边的建（构）筑物［包括建筑物、道路、管线及其他建（构）筑物等］发生破坏或影响其正常使用功的所造成的经济损失，包括可能对非参与工程建设人员的意外伤害。

1）经济损失。经济损失是指引起的直接经济损失费用和事故修复所需的各种费用，采用直接经济损失费用表示，具体等级见表5.2-25。

表5.2-25　经济损失等级标准

损失等级	1	2	3	4	5
经济损失 EL/万元	$EL\leqslant 50$	$50<EL\leqslant 100$	$100<EL\leqslant 500$	$500<EL\leqslant 1000$	$EL\geqslant 1000$

2）人员伤亡。考虑不同的人员伤亡分类与严重程度，具体等级标准见表5.2-26，表中 MI 为轻伤人数，SI 为重伤人数，F 为死亡人数（含失踪）。

表5.2-26　人员伤亡等级标准

损失等级	1	2	3	4	5
伤亡数/人	$MI<20$	$MI\geqslant 20$ 或 $SI<5$	$5\leqslant SI<10$	$F<3$ 或 $SI\geqslant 10$	$F\geqslant 3$

3）周边区域环境影响。周边区域环境影响损失等级标准是指工程施工引起的周边区域环境影响，包括自然环境污染与社会转移安置等。参考《国家处置城市地铁事故灾难应急预案》（2006）、《建设项目环境保护管理条例》和《中华人民共和国环境影响评价法》等的相关规定，确定等级标准见表5.2-27。

表 5.2－27　　周边区域环境影响损失等级标准

等级	损失严重程度描述
1	涉及范围很小，无群体性影响，需紧急转移安置小于 50 人
2	涉及范围较小，一般群体性影响，需紧急转移安置 50～100 人
3	涉及范围大，区域正常经济、社会活动受影响，需紧急转移安置 100～500 人
4	涉及范围很大，区域生态功能部分丧失，需紧急转移安置 500～1000 人
5	涉及范围非常大，区域内周边生态功能严重丧失，紧急转移安置 1000 人以上，正常的经济、社会活动受到严重影响

4）社会信誉损失。社会信誉损失等级标准是指任何灾害或事故的发生都会引起社会负面压力，严重影响公众和政府对工程建设的良好意愿，从而导致工程建设参与单位发生社会信誉损失。社会舆论与公众评价对地铁及地下工程的建设进展影响巨大，社会信誉损失是建设参与单位潜在风险损失的重要部分。社会信誉损失与不同风险事故的后果密切相关。特别是如造成第三方损失或对周边区域环境造成损害，将会引起严重的社会信誉损失。社会信誉损失具体等级标准见表 5.2－28。

表 5.2－28　　社会信誉损失等级标准

等级	1	2	3	4	5
描述	可忽略的	需考虑的	较严重的	严重的	恶劣的

4.《中央企业全面风险管理指引》

《中央企业全面风险管理指引》是国资委企业改革局于 2006 年针对企业风险管理而制定，适用对象是企业风险，而非工程风险。该指引在附录的《风险管理常用技术方法简介》中提出了风险等级标准，供企业参考和修改使用。该指引将风险严重性和可能性等级分为 5 级，风险等级分为 3 级。

该指引给出的风险可能性等级见表 5.2－29。

表 5.2－29　　风险可能性等级

定量方法一	评分	1	2	3	4	5
定量方法二	一定时期发生的概率	<10%	10%～30%	30%～70%	70% ～90%	>90%
定性方法	文字描述一	极低	低	中等	高	极高
	文字描述二	一般情况下不会发生	极少情况下才发生	某些情况下发生	较多情况下发生	常常会发生
	文字描述三	今后 10 年内发生的可能少于 1 次	今后 5～10 年内可能发生 1 次	今后 2～5 年内可能发生 1 次	今后 1 年内可能发生 1 次	今后 1 年内至少发生 1 次

风险严重性等级见表 5.2－30。

表 5.2-30　风险严重性等级

适用范围	方法	项目		1	2	3	4	5
适用于所有行业	定量方法一	评分		1	2	3	4	5
	定量方法二	企业财务损失占税前利润的百分比/%		<1%	1%～5%	6%～10%	11%～20%	>20%
	定性方法	文字描述一		极轻微的	轻微的	中等的	重大的	灾难性的
		文字描述二		极低	低	中等	高	极高
		文字描述三	企业日常运行	不受影响	轻度影响（造成轻微的人身伤害，情况立刻受到控制）	中度影响（造成一定人身伤害，需要医疗救援，情况需要外部支持才能得到控制）	严重影响（企业失去一些业务能力，造成严重人身伤害，情况失控，但无致命影响）	重大影响（重大业务失误，造成重大人身伤亡，情况失控，给企业致命影响）
			财务损失	较低的财务损失	轻微的财务损失	中等的财务损失	重大的财务损失	极大的财务损失
			企业声誉	负面消息在企业内部流传，企业声誉没有受损	负面消息在当地局部流传，对企业声誉造成轻微损害	负面消息在某区域流传，对企业声誉造成中等损害	负面消息在全国各地流传，对企业声誉造成重大损害	负面消息流传世界各地，政府或监管机构进行调查，引起公众关注，对企业声誉造成无法弥补的损害
适用于开采业、制造业	定性与定量结合	安全		短暂影响职工或公民的健康	严重影响一位职工或公民健康	严重影响多位职工或公民健康	导致一位职工或公民死亡	引致多位职工或公民死亡
		营运		（1）对营运影响微弱； （2）在时间、人力或成本方面不超出预算1%	（1）对营运影响轻微； （2）受到监管者责难； （3）在时间、人力或成本方面超出预算1%～5%	（1）减慢营业运作； （2）受到法规惩罚或被罚款等； （3）在时间、人力或成本方面超出预算6%～10%	（1）无法达到部分营运目标或关键业绩指标； （2）受到监管者的限制； （3）在时间、人力或成本方面超出预算11%～20%	（1）无法达到所有的营运目标或关键业绩指标； （2）违规操作使业务受到中止； （3）时间、人力或成本方面超出预算20%
		环境		（1）对环境或社会造成短暂的影响； （2）可不采取行动	（1）对环境或社会造成一定的影响； （2）应通知政府有关部门	（1）对环境造成中等影响； （2）需一定时间才能恢复； （3）出现个别投诉事件； （4）应执行一定程度的补救措施	（1）造成主要环境损害； （2）需要相当长的时间来恢复； （3）大规模的公众投诉； （4）应执行重大的补救措施	（1）无法弥补的灾难性环境损害； （2）激起公众的愤怒； （3）潜在的大规模的公众法律投诉

风险等级如图 5.2-7 所示，图中 L 为低风险，M 为中等风险，H 为高风险。

由图 5.2-7 可见，风险等级分为三级，依据前述方法分别将极低至极高给出量值 1～5，则三级相应的量值范围分别为 1～4、3～10、12～25，存在交叉和不连续现象。

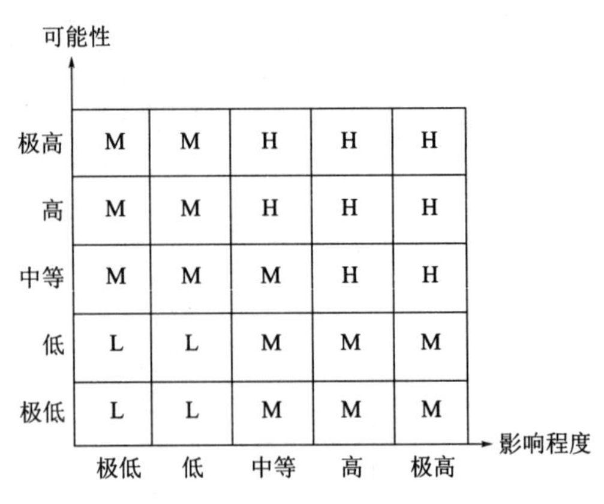

图 5.2-7　风险矩阵图

5.2.2.2　国内水利行业风险等级标准研究现状

根据初步收集到的资料，对于水利工程风险等级标准主要有以下研究。

1.《水库大坝风险评估导则》（审定会后修改稿）

《水库大坝风险评估导则》（审定会后修改稿）（水总科〔2013〕324 号）将大坝风险根据严重程度分为极高风险、不可接受风险、可容忍风险及可接受风险，分别对应Ⅰ级风险、Ⅱ级风险、Ⅲ级风险和Ⅳ级风险。将大坝风险计算结果与大坝风险标准进行比较，评估风险是否为极高风险、不可接受风险、可容忍风险或可接受风险，并作为大坝风险决策的依据。

大坝风险决策应遵循以下原则：

（1）当大坝风险位于极高风险区域时，应立即采取强制措施降低风险。

（2）当大坝风险位于不可接受风险区域时，应尽快采取措施降低风险。

（3）当大坝风险位于可容忍风险区域时，应根据 ALARP 原则确定是否需要对风险做进一步处理。

（4）当大坝风险位于可接受风险区域时，可不对风险进行处理。

导则规定溃坝风险评估由两项相对独立的工作组成，即破坏模式与后果分析（FMEA）和危害程度分析（CA）。

溃坝风险评估过程如下：

1）分析要素破坏模式发生的可能性。可由专家根据经验确定，判别标准见表 5.2-31。

表 5.2-31　系统要素破坏模式发生可能性赋值表

破坏可能性因子	年发生概率	判　别　标　准
几乎不可能	≤1/5000	在工程寿命周期中极不可能发生，如遭遇最大可信地震或 PMF 洪水
极不可能	＞1/5000～1/500	在工程寿命周期中很不可能发生
不可能	＞1/500～1/50	在工程寿命周期中有可能发生，但不期望发生
可能	＞1/50～1/5	在工程寿命周期中可能阶段性发生
经常发生	＞1/5	经常性发生，或在近 5 年内如果不处理会发生

2）分析后果严重程度。后果严重程度的判别标准见表 5.2-32。

表 5.2-32 后果严重程度赋值表

后果严重因子	判别标准
不严重	经济损失不超过5万元，无人员伤亡，无环境影响，无外部影响
中等	经济损失在5万～100万元，无人员伤亡，或下游财产损失在2.5万～50万元，或下泄具有永久影响的污染物对农业无明显影响，或无环境影响，或无外部影响，或加固经费2万～20万元，或以上的各种组合
严重	经济损失在100万～1000万元，多起人员严重伤害或致命伤亡，或下游财产损失在50万～500万元，或下泄具有永久影响的污染物造成长期环境或农业危害，或以上的各种组合
非常严重	经济损失在1000万～10000万元，有明显人员死亡，或下游财产损失在500万～5000万元，或造成大范围的环境或农业危害，或以上的各种组合
灾难性	经济损失超过1亿元，大量人员死亡，或下游财产损失超过5000万元、对环境或下游农业产生重大长期危害，或以上的各种组合

3）分析后果发生的可能性。后果发生可能性的判别标准参见表5.2-33。

表 5.2-33 后果发生可能性赋值表

后果可能性因子	可能性估计	判别标准
极不可能	低于5%	破坏模式能导致影响，但后果很不可能发生
不可能	5%～25%（不含）	破坏模式能导致影响或后果，但预期不会发生
可能	25%～75%（不含）	预期破坏模式能导致影响或后果，发生或不发生的机会相当
极有可能	75%～100%（不含）	预期破坏模式导致影响或后果
肯定	100%	破坏模式必导致影响或后果确定发生

4）确定危害性指标。每个要素破坏模式的危害性指标根据要素破坏模式发生的可能性、后果严重程度、后果发生的可能性按表5.2-34确定。

表 5.2-34 危害性指标赋值表

后果		要素破坏可能性				
严重性	可能性	几乎不可能	极不可能	不可能	可能	经常发生
不严重	极不可能	1	2	4	5	7
	不可能	2	3	5	7	8
	可能	3	5	7	8	9
	极有可能	4	5	7	9	10
	肯定	4	5	7	9	10
中等	极不可能	3	5	7	8	9
	不可能	5	6	8	9	11
	可能	6	8	9	11	12
	极有可能	6	8	10	11	13
	肯定	7	8	10	11	13

续表

后果		要素破坏可能性				
严重性	可能性	几乎不可能	极不可能	不可能	可能	经常发生
严重	极不可能	6	8	10	11	12
	不可能	8	9	11	13	14
	可能	9	11	12	14	15
	极有可能	9	11	13	14	16
	肯定	10	11	13	15	16
非常严重	极不可能	9	11	13	14	15
	不可能	11	12	14	16	17
	可能	13	14	16	17	19
	极有可能	13	14	16	17	19
	肯定	13	14	16	18	19
灾难性	极不可能	11	13	14	16	17
	不可能	12	14	16	17	18
	可能	14	15	17	19	20
	极有可能	14	16	18	19	20
	肯定	14	16	18	19	20

值得注意的是，该导则未给出由具体危害性指标赋值表确定风险等级准则或者方法。另外，该导则的定量风险标准也参考国外相关定量风险标准制定，标准的主体框架相同，因此在此未给出具体的国内风险定量标准。

2. 江泰保险经纪股份有限公司关于中线工程风险评估的研究

江泰保险经纪股份有限公司在承担南水北调中线工程保险经纪服务时，根据国资委〔2006〕108号文件，并参照德尔菲分析法，确定了中线工程的风险评价准则，包括频率评价准则（见表5.2-35）、后果评价准则（见表5.2-36）、风险应对准则（见表5.2-37）及风险容忍准则（见表5.2-38）。

表 5.2-35　风险频率评价准则

发生频率	等级编号	描　述
很小	1	罕见的，风险极难出现
较小	2	偶然的，风险不大会出现
中等	3	可能的，风险可能会发生
较大	4	预期的，风险会不止一次发生
很大	5	频繁的，危害会一直存在

表 5.2-36　　风险后果评价准则

影响程度	等级编号	说　明
轻微	Ⅰ	可能存在较小伤害，不会影响输水
中等	Ⅱ	风险导致 10 万元内损失或 1 天输水中断
严重	Ⅲ	风险导致 100 万～500 万元损失，或 1 周内的输水中断
重大	Ⅳ	风险导致 500 万～1000 万元损失，或 1 个月以内的输水中断
灾难	Ⅴ	风险导致 1000 万元以上的损失，或 1 个月以上输水中断

表 5.2-37　　风险应对准则

等级	评价基准	说明	应对策略
1	风险高	不可接受	立即采取技术或管理措施，使风险等级降低到 3 级以下
2	风险较高	不期望	应采取技术或管理措施使风险等级在一定时间内降低到 3 级以下
3	风险中等	经过控制可接受	梳理、检讨、改进风险管理措施
4	风险较低	基本可接受	加强既有的风险管理措施的实施
5	风险低	完全可接受	不需采取额外的措施

表 5.2-38　　风险容忍准则

失事后果	风险大	风险较大	风险中等	风险较小	风险小
Ⅴ灾难性	风险高	风险高	风险较高	风险较高	风险中等
Ⅳ重大	风险高	风险较高	风险中等	风险中等	风险较低
Ⅲ严重	风险较高	风险中等	风险中等	风险较低	风险较低
Ⅱ中等	风险较高	风险中等	风险较低	风险较低	风险低
Ⅰ轻微	风险中等	风险较低	风险较低	风险低	风险低

由上述可见，风险等级分为 5 级，按前述方法可推出分级量值相应为 1～2、3～6、5～12、10～16、20～25，区间存在交叉和不连续现象。

3.《南水北调运行风险管理——关键技术问题研究》的研究成果

刘恒、耿雷华等在《南水北调运行风险管理——关键技术问题研究》中提出了河渠交叉建筑物、路渠交叉建筑物、控制性建筑物、总干渠等建筑物风险等级标准。风险由风险率和风险后果两部分组成。通过考察各风险因子对建筑物功能的影响确定建筑物的风险率，风险后果的评价目前广泛采用美国国防部 1993 年的《系统安全计划要求》制定。因此，研究成果将风险事件可能性和严重性等级分为 5 级，风险事件等级分为 5 级。针对河渠交叉建筑物、路渠交叉建筑物、控制性建筑物、总干渠等不同建筑物，定性风险等级标准中的风险矩阵表有细微差别，在此不再赘述。风险等级评价基准可接受程度描述与大多数规范有所不同，因此在这里给出对应的风险等级评价基准可接受程度描述，见表 5.2-39。

表 5.2-39　　风险等级评价基准可接受程度描述

风险等级	可接受程度	工程运行状况描述
高	风险不能接受，减少风险的预防措施必须不惜代价实行，尽快改善以使风险等级降至中等或较低	按现行规程、规范、标准和设计要求，工程存在危及安全的严重缺陷，运行中出现重大险情的数量众多，需立即采取除险加固措施
较高	不宜接受，应明确并执行预防措施，于合理期限前改善，以使风险等级降至中等或较低	工程功能和实际工况不能完全满足现行规程、规范、标准和设计要求，可能影响工程正常使用，险情数量较多，需要进行安全性调查，确定对策
中等	风险是可容忍的，可能需要预防措施，应有适当的程序、控制与安全保护	各项监测数据及其变化规律处于正常状态，按照常规的运行方式和维护条件可以保证工程的安全性
较低	风险是可接受的，不必另设措施，保持现有控制程序即可	工程实际工况和各种功能达到了现行规程、规范、标准和设计要求，只需正常的维修养护即可保证其安全运行
低		

4.《南水北调工程建设期运行管理阶段工程安全应急预案（试行）》

2015 年 12 月国务院南水北调办发布了《南水北调工程建设期运行管理阶段工程安全应急预案（试行）》。该应急预案将突发事件分为以下 4 级：

（1）Ⅰ级（特别重大）是指：

1）造成 30 人以上死亡，或者 100 人以上重伤（包括急性工业中毒，下同）的。

2）造成 1 亿元以上直接经济损失的。

3）造成 2 省（直辖市）或 7 个以上地级城市供水中断 72h 以上的。

（2）Ⅱ级（重大）是指：

1）造成 10 人以上 30 人以下死亡，或者 50 人以上 100 人以下重伤的。

2）造成 5000 万元以上 1 亿元以下直接经济损失的。

3）造成 1 省（直辖市）或 5 个以上地级城市供水中断 72h 以上的。

（3）Ⅲ级（较大）是指：

1）造成 3 人以上 10 人以下死亡，或者 10 人以上 50 人以下重伤的。

2）造成 1000 万元以上 5000 万元以下直接经济损失的。

3）造成 3 个以上地级城市供水中断或严重影响总干渠正常输水 48h 以上的。

（4）Ⅳ级（一般）是指：

1）造成 3 人以下死亡，或者 10 人以下重伤的。

2）造成 1000 万元以下直接经济损失的。

3）造成主要分水口门供水中断或严重影响总干渠正常输水 24h 以上的。

需要说明的是，以上工程突发事件等级划分表述中，“以上”含本数，“以下”不含本数。

5.3 不良地质渠段风险等级标准

根据上述国内外风险等级标准的研究现状，特别是考虑到与《水库大坝风险评估导则》（审定会后修改稿）和《南水北调工程建设期运行管理阶段工程安全应急预案（试行）》等水利行业关于风险的规定相协调，同时与国际上广泛采用的风险等级划分标准相衔接，南水北调中线工程不良地质渠段风险等级标准包括风险事件发生可能性等级标准、风险事件后果严重性等级标准以及风险等级标准三方面。

风险事件发生的可能性采取定性、定量的方法进行分析或计算，依据给定的风险事件发生可能性等级划分标准评定风险事件的可能性等级。风险事件后果严重性包括生命损失、经济损失、供水影响、生态与环境影响和社会影响5个方面，经综合分析后得出风险事件的失事后果，并根据严重性等级划分标准评定风险事件的后果严重性等级。再利用"风险量值=可能性等级值×严重性等级值"计算得出风险事件的风险值，根据制定的风险等级标准确定风险事件的风险等级。

5.3.1 风险等级的表现形式

风险等级标准的常用表现形式包括风险矩阵法及风险曲线图法。

1. 风险矩阵法

风险矩阵方法出现的时间较短，最早由美国空军电子系统中心（ESC）的采办工程小组于1995年4月首先提出。风险矩阵法源于"风险等级=风险概率×风险影响"模型，在进行风险评价时，将潜在风险的严重性和发生的可能性分为若干级，制成风险判断矩阵，在行列的交叉处给出风险值。自1996年以来，ESC对大量项目都采用风险矩阵方法评估项目存在的风险，使得风险矩阵方法得到了广泛应用。

风险矩阵法是一种半定性的风险评估分析方法，其优点是操作简便快捷，因此得到较为广泛的应用。但是这种方法对风险影响和风险概率这两个因素的重要性并没有进行区分，对风险发生概率与风险后果也未进行权重分配。因此，风险矩阵法无法区分风险概率和风险影响对风险等级的贡献。例如，发生概率高、但风险损失大的风险事件与发生概率低、但风险损失小的风险事件，其风险可能性指数与风险后果严重性指数的乘积可能是一样的，即风险矩阵法确定的风险等级是一样的，但不同的企业对于这两种风险情况的态度是不一样的。根据企业自身的特点，有些行业或者企业认为损失很大的风险就是高风险，无论其发生的概率是多少，而另外一些行业或者企业会认为概率超过一定值的风险就是高风险，无论它的影响有多大。

这就说明由风险概率和风险影响来决定风险等级的时候，需要考虑这两个因素的权重，即应该对风险概率 P 和风险后果 L 赋予不同的权重。这样才能更加准确、客观地确定分风险等级，体现这两个风险因素的风险重要性。

2. 风险曲线图法

风险曲线图是依据风险可能性等级×严重性等级的函数曲线表达，即 $K=xy$，体现了风险等级在等级图上连续，以及等值线上风险值相同这一客观事实，改进的风险等级如图

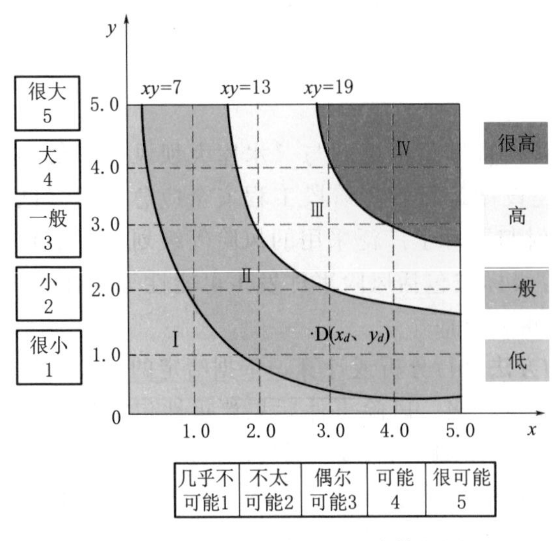

图 5.3-1 改进的风险等级图

5.3-1所示。

风险曲线图法中，K值的确定是关键，需要通过多方位多层次的试算，并与实际情况进行对比后综合确定。

3. 南水北调中线工程风险等级表现形式

综合考虑上述两种方法的优缺点，我们认为采用传统的风险矩阵法制定风险等级标准，同时反映风险事件发生的可能性与后果的严重性，可以满足南水北调中线工程风险评估的要求。为了便于操作，不考虑风险事件发生的可能性与后果的严重性对风险等级贡献的差异，直接将风险事件发生的可能性与后果的严重性的乘积作为风险量值。

5.3.2 风险事件发生的可能性等级划分标准

鉴于南水北调工程等别为Ⅰ等工程，各主要建筑物为1级建筑物，工程的洪水标准和安全设计标准都比较高，在正常运行条件下工程失事概率极低。虽然工程建成通水年限不长，但已有的几年运行经验已基本反映了存在的各类风险特点，结合国内外风险等级标准划分的研究，在此推荐采用《水库大坝风险评估导则》（审定会后修改稿）中事件发生可能性的成果，其定性描述和概率对应关系见表5.3-1。

表 5.3-1　风险事件可能性等级标准

等　级	可能性指数	定性判断标准	定量判断标准
		定性描述	概率区间
1	(0，1]	极低、几乎不可能发生	0.000001～0.0001
2	(1，2]	低、难以发生	0.0001～0.01
3	(2，3]	中、偶然发生	0.01～0.1
4	(3，4]	高、可能发生	0.1～0.5
5	(4，5]	极高、频繁发生	0.5～1.0

表5.3-2中概率区间与风险可能性指数的关系如图5.3-2所示。

在南水北调中线一期工程风险评估中，采用定性的方法确定不良地质渠段的可能性等级。

根据表5.3-2的风险可能性等级划分标准，分别提出不良地质条件渠段的膨胀岩（土）渠段、湿陷性黄土渠段、饱和砂土液化渠段、高地下水位渠段、煤矿采空区渠段和深挖方渠段的风险指数分级表，见表5.3-2～表5.3-8。

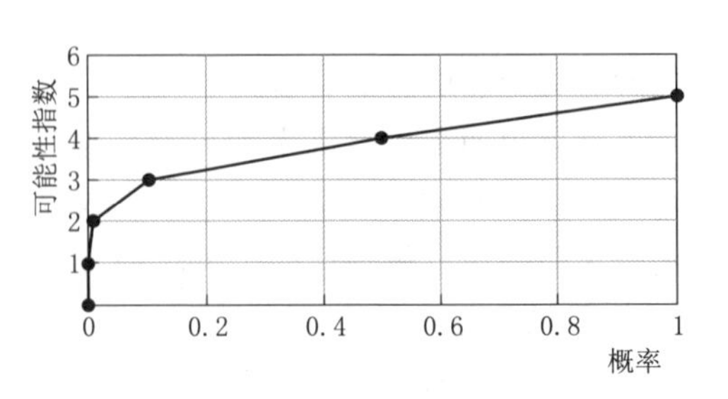

图 5.3-2 概率区间与风险可能性指数的关系

表 5.3-2 膨胀岩（土）渠段风险可能性等级划分

风险可能性等级	1	2	3	4	5
风险可能性指数	(0，1]	(1，2]	(2，3]	(3，4]	(4，5]
风险描述	极低，几乎不可能发生	低，难以发生	中，偶然发生	高，可能发生	极高，频繁发生
风险事件	边坡发生大规模滑坡，堵塞渠道	边坡发生较大规模滑坡，衬砌板隆起破坏、部分堵塞渠道	边坡局部发生滑坡，衬砌板隆起、开裂范围较大	边坡较大范围产生裂缝、衬砌板部分隆起、开裂	边坡局部产生裂缝，个别衬砌板隆起、开裂

表 5.3-3 湿陷性黄土挖方渠段风险可能性等级划分

风险可能性等级	1	2	3	4	5
风险可能性指数	(0，1]	(1，2]	(2，3]	(3，4]	(4，5]
风险描述	极低，几乎不可能发生	低，难以发生	中，偶然发生	高，可能发生	极高，频繁发生
风险事件	边坡发生大规模滑坡，堵塞渠道	边坡发生较大规模滑坡，衬砌板隆起破坏、部分堵塞渠道	边坡局部发生滑坡，衬砌板隆起、开裂范围较大	边坡较大范围产生裂缝、衬砌板部分隆起、开裂	边坡局部产生裂缝，个别衬砌板隆起、开裂

表 5.3-4 湿陷性黄土填方渠道风险可能性等级划分

风险可能性等级	1	2	3	4	5
风险可能性指数	(0，1]	(1，2]	(2，3]	(3，4]	(4，5]
风险描述	极低，几乎不可能发生	低，难以发生	中，偶然发生	高，可能发生	极高，频繁发生
风险事件	地基湿陷变形塌陷、渠道边坡产生滑坡，边坡开裂、防渗设施破坏，渠道决口，渠水外溢	地基湿陷变形较大，渠道边坡产生较大范围滑坡、边坡开裂、防渗设施大范围破坏，边坡渗水量较大	受地基产生湿陷变形影响，边坡局部发生滑坡，边坡产生大范围纵横裂缝，防渗设施发生较大范围破坏，边坡渗水	地基湿陷较小，边坡产生较大范围横向裂缝，防渗设施产生轻微破坏渗水，渠道边坡潮湿	地基湿陷变形轻微，边坡局部出现细小裂缝，衬砌结构未发生破坏，渠道边坡未见渗水现象

表 5.3-5 饱和砂土液化渠段风险可能性等级划分

风险可能性等级	1	2	3	4	5
风险可能性指数	(0，1]	(1，2]	(2，3]	(3，4]	(4，5]
风险描述	极低，几乎不可能发生	低，难以发生	中，偶然发生	高，可能发生	极高，频繁发生
风险事件	渠基及边坡砂土发生严重液化，液化等级为严重。渠基和边坡产生严重沉陷变形，填方渠道开裂，防渗结构破坏、渠道决口。挖方渠道发生大规模滑坡堵塞渠道	渠基及边坡砂土发生液化，液化等级为中等—严重，渠基和边坡产生较严重沉陷变形，填方渠道开裂，防渗结构部分破坏、渠道渗水严重。挖方渠道发生较大规模滑坡，大部分渠道堵塞	渠基及边坡砂土发生液化，液化等级为中等，渠基和边坡产生较大的沉陷变形，填方渠道部分开裂，防渗结构局部破坏、渠道出现渗水。挖方渠道部分发生规模滑坡，部分渠道堵塞	渠基及边坡砂土发生液化，液化等级为轻微—中等，渠基和边坡产生明显的沉陷变形，填方渠道局部开裂，防渗结构局部破坏、渠道出现渗水。挖方渠道局部发生小规模滑坡，滑坡体未进入渠道	渠基及边坡砂土发生液化，液化等级为轻微，渠基和边坡产生轻微沉陷变形，填方渠道仅见少数裂隙，防渗结构未见破坏、渠道不渗水。挖方渠道仅局部产生裂缝

表 5.3-6　　高地下水位渠段风险可能性等级划分

风险可能性等级	1	2	3	4	5
风险可能性指数	(0，1]	(1，2]	(2，3]	(3，4]	(4，5]
风险描述	极低，几乎不可能发生	低，难以发生	中，偶然发生	高，可能发生	极高，频繁发生
风险事件	强降雨和排水失效导致地下水位大规模快速上升，边坡发生大规模滑坡，堵塞渠道	强降雨和排水失效导致地下水位较大规模快速上升，边坡发生较大规模滑坡，堵塞部分渠道	强降雨和排水失效导致地下水位上升幅度大，边坡局部发生小规模滑坡，衬砌板大范围隆起、开裂	强降雨和排水失效导致地下水位上升幅度较大，边坡出现发生大量裂缝，衬砌板较大范围隆起、开裂	强降雨和排水失效导致地下水位上升幅度超过设计允许值，边坡局部出现发生裂缝，衬砌板局部隆起、开裂

表 5.3-7　　煤矿采空区渠段风险可能性等级划分

风险可能性等级	1	2	3	4	5
风险可能性指数	(0，1]	(1，2]	(2，3]	(3，4]	(4，5]
风险描述	极低，几乎不可能发生	低，难以发生	中，偶然发生	高，可能发生	极高，频繁发生
风险事件	采空区塌陷变形大，地表形成塌陷坑，塌陷沉降导致大范围渠道低于附近地面，渠水外溢	采空区塌陷变形较大，地表形成塌陷坑，塌陷沉降导致局部渠道低于附近地面，渠水外溢	部分渠道受采空区塌陷变形影响，地表塌陷沉降导致部分渠道开裂，防渗结构破坏，渠水渗漏严重	局部渠道受采空区塌陷变形影响，地表塌陷沉降导致局部渠道开裂，防渗结构破坏，渠道出现渗水问题	渠道位于塌陷变形区边缘，地表塌陷沉降基本位于渠道外或个别部位受到影响

表 5.3-8　　深挖方渠道风险可能性等级划分

风险可能性等级	1	2	3	4	5
风险可能性指数	(0，1]	(1，2]	(2，3]	(3，4]	(4，5]
风险描述	极低，几乎不可能发生	低，难以发生	中，偶然发生	高，可能发生	极高，频繁发生
风险事件	边坡发生大规模滑坡，堵塞渠道	边坡发生较大规模滑坡，衬砌板大范围隆起破坏、部分堵塞渠道	边坡局部发生滑坡，衬砌板隆起、开裂范围较大	边坡部分范围产生裂缝、衬砌板少量隆起、开裂	边坡局部产生裂缝，个别衬砌板隆起、开裂

5.3.3　风险事件后果的严重性划分标准

人们对风险的损失及其发生的可能性这两个属性可能有某种倾向认识，用经济学的术语称为偏好，用数学的术语称为加权。例如，对于损失很大的风险，不管发生的可能性有多大，有些人都把它们归入风险很大这一类。又如，对于损失很小的风险，不管发生的可能性有多大，有些人都把它们归入风险很小这一类。前者是从“悲观”或“保守”的观点进行分类，后者是从“乐观”或“进取”的观点进行分类。

一般来说，水利工程的风险事件发生会导致生命损失、经济损失、社会和环境损失。南水北调中线工程属于长距离调水工程，供水是其主要任务，因此除要考虑生命损失、经济损失、社会和环境损失之外，还必须考虑各种风险事件对供水的影响。对于不良地质条件渠段，其风险事件是渠坡稳定、渗漏水、衬砌板破坏等，因此对供水影响是判断风险事件严重性的重要因素。

1. 供水影响

供水影响包括供水流量及供水时间的变化。供水流量变化指总干渠不能正常输水，导致供水流量减少，直至断水。供水时间变化指影响总干渠正常输水时间以及供水中断时间。由于南水北调中线工程并非沿线受水区唯一水源，因此对受水区和总干渠的影响应分开考虑，即根据供水中断的受水区重要程度以及总干渠输水中断两个指标综合评价风险后果严重性。

在 2015 年 12 月国务院南水北调办发布的《南水北调工程建设期运行管理阶段工程安全应急预案（试行）》的规定中，对可能发生的影响供水的风险事件后果严重性指标中有一项以城市供水中断时间长短作为严重性分级标准，例如，Ⅰ级（特别重大）是指：造成 2 省（直辖市）或 7 个以上地级城市供水中断 72h 以上的。而就南水北调中线总干渠实际情况而言，当需要进行停水维修时，维修时间很容易达到或超过 72h，造成后果严重性级别较高，而南水北调中线工程定位为沿线各受水区的补充水源，当中线工程发生风险需要断水处理时，并不一定对供水目标城市造成停止供水的结果，只有当中线成为供水目标的唯一水源且无调蓄水量时才会对供水目标造成停水影响。所以，以 72h 作为评价指标有风险偏高的可能。本次结合其他有关风险评估的研究成果提出了总干渠断水时间作为影响严重性指标之一，以 1 个月、1 周以及影响总干渠输水流量为划分标准。在评估过程中进一步分析受影响的受水区当地水源情况，扣除从南水北调中线水源切换至当地水源所需的时间以及当地水源可供水时间，在此基础上，对城市供水允许中断时间进行评价，进一步复核后果严重性的分级指标。

2. 人员伤亡

参考 2015 年 12 月国务院南水北调办发布的《南水北调工程建设期运行管理阶段工程安全应急预案（试行）》，确定人员伤亡指标的分级标准。但是，在很多情况下，难于直接估算风险事件可能造成的人员伤亡情况，我们用受影响人口即淹没区人口或者淹没水深超 2m 以上区域的人口作为评价风险后果严重性的指标。

3. 经济损失

南水北调中线工程的主要经济损失包括工程自身经济损失、事故渠段渠水引起的淹没经济损失以及事故工况下停水或供水量减少导致的经济损失。

经济损失计算一般应采用分项估算，在不具备估算的条件下采用类比计算。经济损失等级应由经济损失数额对比相应的经济风险标准确定；若个别分项经济损失估算困难，也可通过定量和定性结合，与精确计算的项目对比后，综合判定经济损失等级。

4. 生态与环境影响

主要是对潜在污染源危害程度和受体敏感度进行等级划分。

对于总干渠不良地质渠段，其工程事故或灾害一般不会导致中线总干渠水体进入沿线区域，不会引起有毒有害或者易燃易爆的物质泄漏，因此不会对总干渠沿线的生态与环境造成影响，或者造成的影响极小，对应的生态与环境影响等级可以定为1级。

5. 社会影响

主要从影响范围、影响程度以及舆情关注等3个方面评估社会影响。采用打分法，将3项影响因素的分值相加，确定社会影响等级。一般来说风险事件影响范围越大，影响的对象越重要，则分值越高。

综合以上几方面因素，综合确定风险事件后果的严重性等级标准见表5.3-9。

表5.3-9　风险事件后果的严重性等级标准

等级	人员伤亡（受影响人口）	经济损失EL/万元	供水影响	生态与环境影响	社会影响
1	引人注目，需要救护。淹没区人口5000人以下，或者淹没水深超2m以上区域人口500人以下	EL＜30	供水流量减小。局部短时影响总干渠正常输水	极小；周边生态与环境受到极小影响或者没有影响	几乎没有公众受到影响
2	3人以下死亡，或者10人以下重伤的。淹没区人口5000～1万人之间，或者淹没水深超2m以上区域人口介于500～1000人	30≤EL＜1000	造成主要分水口门供水中断或严重影响总干渠正常输水24小时以上的。总干渠减小输水流量或低水位运行	小；周边生态与环境受到一定影响	受影响公众限定在特定的组织或区域
3	3人以上、10人以下死亡，或者10人以上50人以下重伤。淹没区人口1万～5万人之间，或者淹没水深超2m以上区域人口介于1000～5000人	1000≤EL＜5000	造成3个以上地级城市供水中断或严重影响总干渠正常输水48小时以上的。或总干渠1周以内中断输水的	大；周边生态与环境受到较大影响	对较大规模的社会公众造成影响
4	10人以上、30人以下死亡，或者50人以上100人以下重伤。淹没区人口介于5万～10万人之间，或者淹没水深超2m以上区域人口介于5000～1万人	5000≤EL＜10000	造成1省（直辖市）或5个以上地级城市供水中断72小时以上的。或总干渠1个月以内输水中断的	重大；周边生态与环境受到重大影响，生态功能部分丧失	对社会中大部分成员的心理造成严重影响
5	30人以上死亡，或者100人以上重伤。淹没区人口大于10万人，或者淹没水深超2m以上区域人口大于1万人	EL≥10000	造成2省（直辖市）或7个以上地级城市供水中断72小时以上的。或总干渠1个月以上输水中断	巨大；周边生态与环境受到巨大影响，生态功能丧失	对整个社会的价值观念构成冲击

综合风险事件造成的人员伤亡、经济损失、生态与环境影响、社会影响等各方面等级后，风险事件的严重性综合等级L按下式确定：

$$L=\mathrm{int}\{\max(A_1,A_2,A_3,A_4,A_5)+k[\sum_{i=1}^{5}A_i-\max(A_1,A_2,A_3,A_4,A_5)]\}$$

式中：L 为风险事件后果的严重性综合等级，按四舍五入取整，大于 5 时取 5；A_i 分别为人员伤亡、经济损失、供水影响、生态与环境影响、社会影响严重性分值。

本次风险评估，工程风险及调度运行风险评估中采用上述公式计算风险事件的严重性综合等级，$k=0.1$；洪水风险评估采用 $k=0$，即最大值法。

5.3.4 风险等级划分标准

在制定南水北调中线不良地质渠段风险等级时，把风险事件发生的可能性和后果的严重性都分为 5 级，风险等级分为 4 级，风险矩阵见表 5.3-10。该风险矩阵和风险等级标准的风险量值为连续的，规避了前述国内外等级标准划分的不足。采用风险矩阵表的形式计算风险事件的风险量值，由此确定划分不同风险等级的标准界限，结构清晰明了，计算简单方便，在南水北调中线工程风险因子繁多细致以及风险事件错综复杂的情况下，能够有序、快速且有层次地确定出不同风险事件的风险分级，及时有效地为后续的风险评估以及风险集成工作提供风险等级的判断依据。另外，风险矩阵表能够计算不同风险事件可能性与后果严重性组合下的风险量值，易于推广应用。

表 5.3-10　风险矩阵表

可能性 P	严重性 L				
	1	2	3	4	5
1	1	2	3	4	5
2	2	4	6	8	10
3	3	6	9	12	15
4	4	8	12	16	20
5	5	10	15	20	25

在确定了风险事件发生的可能性和风险事件后果的严重性之后，根据表 5.3-11 查表得到风险量值。也可以由下式计算风险量值：

$$R=PL$$

式中：R 为风险事件的风险量值，[1，25]；P 为风险事件发生的可能性，分为 5 级；L 为风险事件后果的严重性，分为 5 级。

根据风险量值确定风险事件等级，见表 5.3-11。

表 5.3-11　风险事件等级划分标准

风险等级	Ⅰ	Ⅱ	Ⅲ	Ⅳ
风险量值	[1，4]	(4，9]	(9，15]	(15，25]
风险描述	低风险	一般风险	较大风险	重大风险
	可接受风险	可容忍风险	不可接受风险	极高风险
风险对策	关注	监控	采取措施	采取紧急措施

表 5.3-11 中，Ⅰ级风险为低风险，属于可接受风险，对策措施为关注，维持正常的监测频次和日常巡视；Ⅱ级风险为一般风险，属于可容忍风险，对策措施为监控，加强监测和日常巡视，必要时需采取措施进行风险控制。当风险处理资金有限时，应根据风险因子重要性排序，确保主要风险因子得以处理；Ⅲ级风险为较大风险，属于不可接受风险，对策措施为采取措施，针对各主要风险因子分别采取预防、消除、规避、减免风险事故发生的措施，使风险等级降至可容忍或可接受的水平；Ⅳ级风险为重大风险，属于极高风险，对策措施为采取紧急措施，减免风险，同时准备好应急预案，一旦发生险情，及时开展修复、补救等抢险措施。

第6章

风险分析及评价

6.1 风险因子权重计算方法

如第2章所述，风险因子权重的计算方法包括德尔菲法、层次分析法、熵值法、多因素相互作用关系矩阵、模糊综合评价法和蒙特卡罗模拟法。这些方法各有其优缺点，考虑到层次分析法在风险评估中应用比较广泛，且层次清晰、计算简单，因此在南水北调中线工程不良地质渠段风险评估中选用层次分析方法进行风险因子权重计算，在确定各风险因子的标度时采用专家打分法。下面介绍一下层次分析法的主要内容。

层次分析法法基于对复杂决策问题的本质、主控因子及其内在关联的分析研究，将复杂的问题本质、准则、方案等分解成若干层次的系统，通过对某一准则下的子准则进行逐对比较、量化形成判断矩阵，进而计算各子准则对该准则的权重。其实质是利用定量信息使决策思维过程数学化，将复杂决策问题分解为比原问题简化的层次，进行比较、量化和结果排序，最后得到所需问题的解，完整地体现了系统分析和系统综合的思想，解决了复杂且无结构特性、多目标决策问题难于直接准确计量的问题。

采用层次分析法时递阶层次结构计算流程如图6.1-1所示，具体有以下几步骤：

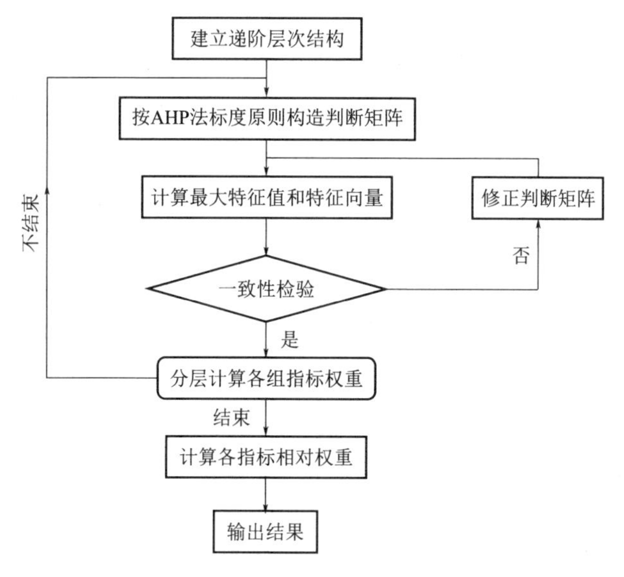

图6.1-1 递阶层次结构计算流程

(1) 建立层次分析模型。建立问题的层次结构是 AHP 法中最重要的一步。在考虑突出主要目标、同层相对独立、便于操作的前提下，对决策问题进行判断和系统分析，科学、系统地将复杂问题分解为因素（也可称为因子或元素）的各组成部分，并按其属性确定影响目标的主控因素及次级因素，形成不同的层次。同一层次的因素作为准则，受上一层次因素支配的同时，对下一层次的因素起支配作用。并据此形成从上到下包含目标层、中间层和方案层的递阶状结构，处于最上层的通常只有一个因素，即分析问题的预定目标，中间层可分为准则层和子准则层，相邻层间用直线表示相互间存在的彼此关系，如图 6.1-2 所示。在递阶层次结构中，仅相邻两层之间存在彼此联系，且同一层次各因素之间无彼此联系。

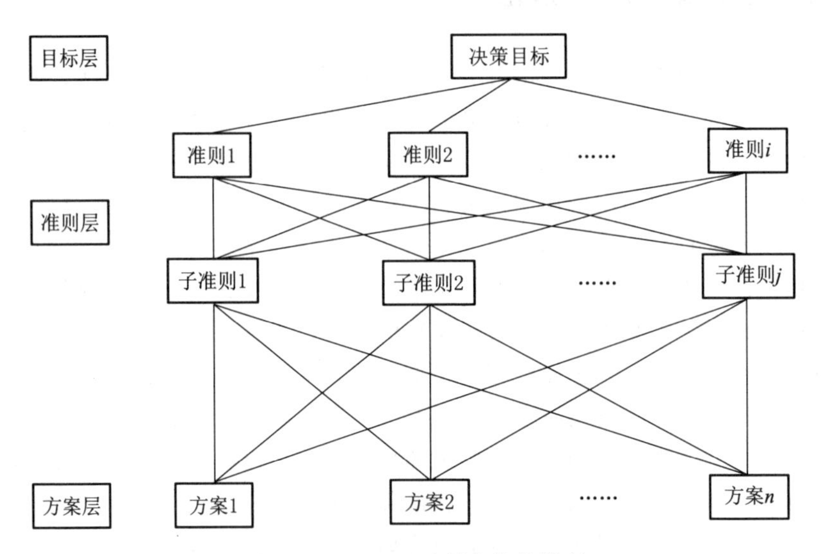

图 6.1-2 AHP 法层次结构模型

科学合理的层次结构对于解决问题是极其重要的。层次结构的构建是建立在决策者对其面临问题具有全面而深入认识的基础上，因此在建立目标体系层次结构的过程中，各个评价因素应充分体现出它的科学性、系统性和普遍适用性。

(2) 分层次构造判断矩阵。层次结构反映了因素之间的关系，但同一层次各因素对上层某因素的影响程度是不同的，即每个因素的权重各不相同。在建立递阶层次结构以后，上下层次之间因素的隶属关系即被确定。假定上一层次的因素 Z 作为准则，对下一层次的因素 $x_1,x_2,\cdots,x_n$有支配关系，判断矩阵的目的是在准则 Z 之下通过对子准则两两比较（相对重要性）确定 $x_1,x_2,\cdots,x_n$相应的权重。

假设比较 n 个因素 $X=\{x_1,x_2,\cdots,x_i,x_j,\cdots,x_n\}$ 对某个因素 Z 的影响大小，通过对因素进行两两比较建立成对比较矩阵。每次取两个因素 x_i和 x_j，以 a_{ij}表示 x_i与 x_j对 Z 的影响大小的比值，所有比较的结果 $A=(a_{ij})_{n\times n}$用矩阵表示（表 6.1-1），则矩阵 $\mathbf{A}$ 为 Z—X 之间的判断矩阵。若 x_i与 x_j对 Z 的影响的比值为 a_{ji}，则 x_j和 x_i对 Z 的影响比值则是 $a_{ji}=1/a_{ij}$。

表 6.1-1 层次分析法各层次因素之间的关系

影响因素 Z	x_1	x_2	x_3	…	x_n
x_1	a_{11}	a_{12}	a_{13}	…	a_{1n}
x_2	a_{21}	a_{22}	a_{23}	…	a_{2n}
x_3	a_{31}	a_{32}	a_{33}	…	a_{3n}
…	…	…	…	…	…
x_n	a_{n1}	a_{n2}	a_{n3}	…	a_{nn}

如果矩阵 $\boldsymbol{A}=(a_{ij})_{n\times n}$ 满足 $a_{ij}>0$、$a_{ji}=1/a_{ij}$ （i，$j=1,2,\cdots,n$）且 $a_{ii}=1$ 的条件，称作为正互反矩阵。表 6.1-1 中的关系可以用以下矩阵表示出来，即

$$\boldsymbol{A}=\begin{bmatrix} a_{11} & a_{12} & a_{13} & \cdots & a_{1n} \\ a_{21} & a_{22} & a_{23} & \cdots & a_{2n} \\ a_{31} & a_{32} & a_{33} & \cdots & a_{3n} \\ \cdots & \cdots & \cdots & \cdots & \cdots \\ a_{n1} & a_{n2} & a_{n3} & \cdots & a_{nn} \end{bmatrix}$$

以数字 1～9 及其倒数作为标度来确定 a_{ij} 的值。1～9 标度的含义见表 6.1-2。

表 6.1-2 判断矩阵的标度及含义

标度	含　义
1	表示两个因素相比，具有相同重要性
3	表示两个因素相比，前者比后者稍重要
5	表示两个因素相比，前者比后者明显重要
7	表示两个因素相比，前者比后者强烈重要
9	表示两个因素相比，前者比后者极端重要
2，4，6，8	表示上述相邻判断的中间值
倒数	若因素 i 与因素 j 的重要性之比为 a_{ij}，那么因素 j 与因素 i 重要性之比为 $a_{ji}=1/a_{ij}$

实践证明，采用 1～9 标度是将思维判断数量化的一种合适方法，在实际工程应用中，根据问题特征也可对层次分析法稍作改进，采用其他类型标度方法。

（3）层次单排序及一致性检验。根据判断矩阵计算对于目标而言各影响因素的相对重要程度时，需计算判断矩阵 $\boldsymbol{A}$ 对应最大特征值 $\lambda_{\max}$ 的特征向量 $\boldsymbol{W}=[w_1, w_2, \cdots, w_n]$（$\sum w_i=1$）。特征向量经归一化后就是同一层次的相应因素对于上一层次的某个因素相对重要性的权值，称为因素 $X=\{x_1, x_2, \cdots, x_n\}$ 对于目标的权向量，该过程称为层次单排序。

层次单排序步骤如下：

1）先解出 $\boldsymbol{A}$ 的最大特征值 $\lambda_{\max}$。

2）利用公式（6.1-1）计算对应于 λ 的特征向量 $\boldsymbol{W}$：

$$\boldsymbol{AW}=\lambda_{\max}\boldsymbol{W} \tag{6.1-1}$$

3）将 $\boldsymbol{W}$ 归一化后得到所需的某层次对应于上层次的排序权重值。

上述构建判断矩阵的办法虽然能减少其他因素的干扰，比较客观地反映一对因子影响

力的差别，但在综合全部的比较结果时，其中难免会包含一定程度的非一致性。若比较结果是前后完全一致的，那么矩阵 **A** 的各元素还应当满足公式（6.1-2）：

$$a_{ij} \times a_{jk} = a_{ik} (i,j,k=1,2,\cdots,n) \tag{6.1-2}$$

上述的公式表明对各因素的两两比较是可传递的。

在实际中要求对判断矩阵满足大体上的一致性，因此须进行一致性检验，只有通过一致性检验，才能说明判断矩阵逻辑上的合理，才能继续对结果进行分析。对判断矩阵的一致性检验的步骤如下：

1）计算一致性指标 CI：

$$CI = \frac{\lambda_{\max} - n}{n-1} \tag{6.1-3}$$

2）用随机方法构造出 500 个样本矩阵，并随机地从 1～9 及其倒数中抽取数字来构造正互反矩阵，求出最大特征根的平均值 $\lambda'_{\max}$，就得到 RI 的值：

$$RI = \frac{\lambda'_{\max} - n}{n-1} \tag{6.1-4}$$

也可以通过查表得到相应的平均随机一致性指标 RI。对 $n=1,2,\cdots,11$ 的 RI 的值见表 6.1-3。

表 6.1-3　　　　平均随机一致性指标 RI 的值

n	1	2	3	4	5	6	7	8	9	10	11
RI	0	0	0.58	0.90	1.12	1.24	1.32	1.41	1.45	1.49	1.51

3）计算一致性比率 CR：

$$CR = \frac{CI}{RI} \tag{6.1-5}$$

当 $CR<0.1$ 时，判断矩阵的一致性满足要求，否则要对判断矩阵做适当的修正。

4）进行层次总排序及一致性检验。层次总排序是指计算同一层次的所有因素对于最高层的相对重要性的排序权值，此过程是从最高层次到最低层次逐层进行的，见表 6.1-4。

表 6.1-4　　　　各因素的层次总排序计算表

A层 / B层	A_1	A_2	…	A_n	B层总排序
	a_1	a_2	…	a_n	
B_1	b_{11}	b_{12}	…	b_{1m}	$\sum_{j=1}^{m} a_j b_{1j}$
B_2	b_{21}	b_{22}	…	b_{2m}	$\sum_{j=1}^{m} a_j b_{2j}$
…	…	…	…	…	…
B_n	b_{n1}	b_{n2}	…	b_{nm}	$\sum_{j=1}^{m} a_j b_{mj}$

设 A 层次包含 $A_1, A_2, \cdots, A_m$ 共 m 个因素，各自的层次总排序权重分别为 $a_1, a_2, \cdots, a_m$。又假设 B 层次包含 n 个因素 $B_1, B_2, \cdots, B_n$，各自关于 A_j 的层次单排序权重分别为 b_{1j}，$b_{2j}, \cdots, b_{nj}$（当 B_i 与 A_j 无关联时，$b_{ij}=0$）。现求 B 层次中各个因素对于目标的权重，计算

按照表 6.1-4 所示方式进行，即 $b_i = b_{ij} a_j$ $(i=1,2,\cdots,n)$。

若B层次的某些因素对于 A_j 单排序的一致性指标为 CI_j，相应的平均随机一致性指标为 RI_j，那么B层次总排序随机一致性比例 CR 为

$$CR = \frac{\sum_{j=1}^{m} CI_j a_j}{\sum_{j=1}^{m} RI_j a_j} \tag{6.1-6}$$

当 $CR<0.10$ 时，认为层次总排序结果具有良好的一致性，可接受该分析结果。最终计算出的值即为各影响因素在风险评估中所占的权重大小。

6.2 风险因子权重计算和风险指数取值

6.2.1 膨胀岩（土）渠段

6.2.1.1 膨胀岩（土）渠段的风险因子权重计算

膨胀岩（土）渠段的风险因子包括：开挖边坡高度、膨胀性等级、地下水位超过设计值幅度、工程处理措施、边坡稳定情况和排水设施有效性。各因子的权重计算结果见表6.2-1。

表 6.2-1　　膨胀岩（土）渠段各影响因子权重计算表

影响因子	开挖边坡高度/m	膨胀性等级	地下水位超过设计值幅度/m	工程处理措施	边坡稳定情况	排水设施有效性
开挖边坡高度/m	1	1/2	1/3	1/4	1/4	1/5
膨胀性等级	2	1	1/2	1/2	1/2	1/3
地下水位超过设计值幅度/m	3	2	1	1/2	1/2	1/2
工程处理措施	4	2	2	1	1	1
边坡稳定情况	4	2	2	1	1	1
排水设施有效性	5	3	2	1	1	1
权重	0.052	0.096	0.138	0.230	0.230	0.255
一致性检验	$CI=0.011$，$RI=1.240$，$CR=0.009<0.1$					

对于膨胀岩（土）、高地下水位、深挖方组合渠段和膨胀岩（土）、深挖方组合渠段，其风险因子与膨胀岩（土）渠段相同，主要差别是开挖边坡高度的差别，开挖边坡高度从15m起算，最大开挖深度达到47.5m，因此各因子权重与膨胀岩（土）渠段相同。

6.2.1.2 风险指数取值

如前所述，膨胀岩（土）渠段影响渠道运行风险因子为开挖边坡高度、膨胀性等级、地下水位超过设计值幅度、工程处理措施、边坡稳定条件和排水设施有效性。下面对各风险因子的主要作用及风险指数取值进行分析评价。

(1) 开挖边坡高度。目前对膨胀岩(土)开挖边坡高度变幅较大,最大开挖深度47.50m。随着开挖边坡高度的增加,渠道边坡存在的风险也在增加。边坡高度越大,稳定问题越突出,处理的工程量也随着边坡高度增加而增大。在工程运行期间,边坡高度可以看成是不变的,属于难以发生的风险事件。不同开挖边坡高度对渠道运行的影响是有差别的,如桩号9+246~9+454渠段,多处发生滑坡、边坡变形、衬砌板出现隆起、开裂等现象,最后对该处采用抗滑桩措施进行边坡加固。因此,在分析边坡变化影响因子的概率时,根据开挖边坡高度的标度划分,对于风险事件的风险指数进一步划分:边坡高度小于15m时取1.0;边坡高度为15 ~20m时取1.3;边坡高度20~30m时取1.6;边坡高度大于30m时取2.0。

(2) 膨胀性等级。膨胀岩(土)的膨胀特性是影响渠道边坡稳定的主要工程地质条件因素,由于膨胀岩(土)引起的渠道边坡变形、开裂和滑坡也是该渠段的存在的主要工程地质问题,是可能产生工程运行风险的内因,也是前期工程设计和采取工程处理措施的依据和基础。膨胀性等级是膨胀岩(土)最重要的指标,反映膨胀岩(土)的胀缩能力,是渠道前期设计和工程处理需要考虑的重要因素之一。在渠道施工过程中,已按膨胀岩(土)的膨胀性等级采取相应工程处理措施。工程运行后,渠道的膨胀岩(土)的膨胀性等级发生变化的可能性可以忽略不计,因此渠道膨胀岩(土)膨胀性等级在运行期间发生变化的情况属难以发生事件。考虑到膨胀岩(土)土渠道在同等条件下,不同膨胀性等级产生的工程风险是不同的。按膨胀性等级对风险事件的风险指数进一步细化:强膨胀岩(土)取2.0,中膨胀岩(土)渠取1.5,弱膨胀岩(土)取1.1。

(3) 地下水位超过设计值幅度。影响地下水位超过设计值幅度的因素非常多,也非常复杂。天然降雨入渗、渠道内坡排水设施的排水效果、区域地下水补排关系的改变、渠道周围地表水入渗等,都会引起渠道边坡地下水水位的变化。由于渠道衬砌板厚度薄,所能承受的外水压力小。按照设计要求,地下水位超过设计值幅度小于0.3m,衬砌板的变形是安全的。地下水位超过设计值幅度0.3~1.0m,对衬砌板的变形有较大影响。地下水位超过设计值幅度超过1.0m,对衬砌板变形影响大,随着地下水位的变幅加大,可能出现衬砌板隆起、开裂,甚至使衬砌板脱开等问题。2016年河南新乡、焦作、安阳等地,河北邯郸、邢台和石家庄等地,受连续强降雨影响,渠道边坡多处变形、滑塌和衬砌板隆起、开裂现象。有些地方边坡未见明显变形,但衬砌板发生隆起,说明是渠道边坡的地下水位局部升高,外水压力变化超过容许范围值引起的。由于南水北调渠道运行时间较短,难以通过近几年的地下水位变化监测资料,找出地下水位的变化规律,因此需要采用敏感性分析对不同地下水位超过设计值幅度的发生概率,可能对渠道安全运行的产生的风险,进行进一步分析。渠道运行地下水位超过设计值幅度小于0.3m,这也是渠道的设计工况,这种情况对渠道运行不会产生风险,渠道运行是安全的。渠道地下水位超过设计值幅度在0.3~1.0m,这种情况通常是在强降雨情况下或排水孔部分失效、不能有效降低地下水位的情况下出现的,虽然地下水变幅超过设计容许值,可能的风险后果是引起衬砌板局部开裂或个别板块隆起,边坡局部产生裂缝,但对渠道运行影响较小或基本没影响。渠道地下水位超过设计值幅度超过设计容许值1m以上,这种情况常常出现在长时间强降雨使渠道边坡饱和,或者渠道排水孔大部分失效和全部失效,可能导致渠道衬砌板出现较大范围的隆起、开裂现象,渠道边坡出现较大范围的滑塌现象。如2016年7月19—20日持续强降雨，河北邢台和邯郸等地渠道膨胀岩（土）换填段出现较大范围的边坡浅层滑坡；河南某渠段局部衬砌板隆起，经打开衬砌板检查发现，地下水呈喷涌状，说明该处是地下水位超过设计容许值造成的，产生的原因应该是地下水排水不畅造成的。

综合上述分析，在正常运行情况下，地下水位超过设计值幅度应该小于0.3m，属于频繁发生事件。地下水位超过设计值幅度0.3～1.0m，从渠道运行情况和存在的问题分析，地下水位超过设计水位的情况与天然降雨强度和排水孔排水效果密切相关，属于可能发生事件，风险事件的风险指数取2.5。地下水位超过设计值幅度1.0m，这种情况一般和极端天气有关，如2016年7月19—20日长时间强降雨，渠道排水孔完全失效或者后期渠道两侧地下水补排关系与设计工况发生较大变化。这种情况渠道这几年运行也曾出现过，属于偶然发生事件，风险事件的风险指数取3.0。

（4）工程处理措施。针对膨胀岩（土）渠道的工程处理措施包括：渠道边坡换填非膨胀岩（土）、打抗滑桩和边坡排水措施。对于渠道开挖深度较大、边坡稳定问题突出的渠段，换填、抗滑桩和边坡增设排水设施同时采用。为了保证膨胀岩（土）渠道的运行安全，设计针对不同渠段膨胀岩（土）的膨胀性等级、渠道开挖边坡高度等情况，采用的处理措施包括：换填非膨胀岩（土）、打抗滑桩、排水孔，或者三者同时采用。一般情况下，渠道边坡比较普遍采用排水孔排水。渠道运行是否存在安全风险，工程处理措施的施工质量和采取的工程处理措施的有效性是关键因素。从目前掌握的资料看，通水验收和遗留问题处理均反映施工质量满足设计要求。从工程运行情况分析，个别渠段膨胀岩（土）换填段边坡出现裂缝、沿换填界面出现滑坡，排水孔也存在局部堵塞等问题。这也说明尽管对膨胀岩（土）渠段采取了相应的工程处理措施，在实际运行过程中还是存在一定安全隐患。综合上述分析，工程处理措施总体是满足要求的，属频繁发生事件。从已发生边坡裂缝、滑坡的长度，衬砌板隆起开裂情况统计，与膨胀岩（土）渠段的分布长度相比，所占比例是非常小的，因此发生边坡裂缝、滑坡和排水孔堵塞应归纳为偶然发生事件，渠道仅出现一种工程处理措施存在问题时风险事件的风险指数取2.0。三种以上工程处理措施同时出现问题时，风险事件的风险指数取3.0。

（5）边坡稳定情况。南水北调中线工程运行几年来，个别渠段边坡和衬砌板出现变形和隆起、开裂的情况。虽然是局部出现的问题，且经过及时处理并未影响渠道输水的正常运行，但是说明渠道边坡还是存在变形风险的。从运行情况看，大部分边坡稳定，未见变形，这种情况出现属频繁发生事件。在深挖方渠段，边坡多处局部产生裂缝，该事件可归纳为偶然发生事件。按照边坡变形的严重程度，进一步确定风险事件的风险指数，当渠道出现局部裂缝、衬砌板隆起时，风险事件的风险指数取风险事件的风险指数取1.5。当渠道出现较大范围变形、滑坡和衬砌板隆起开裂时，风险事件的风险指数取2.0。

（6）排水设施有效性。根据工程运行情况，目前绝大部分边坡排水设施都能正常运行。对于边坡地下水位超过设计容许值，可能存在两种情况：一是排水设施部分或全部失效，不能有效降低地下水位。二是土质边坡渗透系数小，在遇到长时间强降雨条件下，不能及时排除边坡土体地下水，短时间内边坡土体饱和，地下水快速上升，内水压力超过设计容许值，引起边坡开裂和衬砌板局部隆起、开裂。参考2016年7月河南、河北强降雨导致渠道边坡和衬砌板变形情况以及其他渠段衬砌板的隆起问题，该事件可归纳为偶然发生事件。根据排水效果有效性对风险事件的风险指数的取值进一步细化，当渠道个别排水孔出现问题时，风险事件的风险指数取 2.0。当渠道局部排水孔出现问题时，风险事件的风险指数取 2.5，当渠道大部分排水孔出现问题时，风险事件的风险指数 3.0。

6.2.1.3 各风险因子发生的风险指数和风险事件损失等级赋分取值

考虑各因子在工程运行中可能产生的风险事件后果，结合南水北调工程的实际情况，确定风险事件的风险指数和风险事件损失等级赋分，取值见表 6.2-2。

表 6.2-2 各风险因子的风险指数和风险事件等级赋分表

风险因子	开挖边坡高度/m				膨胀性等级			地下水位超过设计值幅度/m		工程处理措施				边坡稳定情况		排水设施有效性		
风险因子分级	<15	15~20	20~30	>30	弱膨胀性	中膨胀性	强膨胀性	0.3~1.0	>1.0	换填	抗滑桩	排水孔	3 种同时使用	局部产生裂缝，衬砌板隆起开裂	边坡较大范围变形，滑坡衬砌板隆起开裂	个别失效	部分失效	全部失效
风险指数	1.0	1.3	1.6	2.0	1.1	1.5	2.0	2.5	3.0	2.0	2.0	2.0	3.0	1.5	2.0	2.0	2.5	3.0
风险事件等级赋分	2	2	2	2	2	2	2	3	3	3	3	3	3	3	3	3	3	3

6.2.2 湿陷性黄土渠段

6.2.2.1 湿陷性黄土渠段风险因子权重计算

湿陷性黄土渠段的风险因子包括：开挖边坡高度、湿陷性等级、地下水位超过设计值幅度、工程处理措施、边坡稳定情况和排水设施有效性等 6 个因子。各因子的权重计算结果见表 6.2-3。

表 6.2-3 湿陷性黄土渠段各影响因子权重计算表

影响因子	开挖边坡高度/m	湿陷性等级	地下水位超过设计值幅度/m	工程处理措施	边坡稳定情况	排水设施有效性
开挖边坡高度/m	1	1/2	1/3	1/4	1/4	1/4
湿陷性等级	2	1	1/2	1/2	1/2	1/2
地下水位超过设计值幅度/m	3	1/2	1	1/2	1/2	1/2
工程处理措施	4	2	2	1	1	1
边坡稳定情况	4	2	2	1	1	1
排水设施有效性	4	2	2	1	1	1
权重	0.055	0.104	0.140	0.234	0.234	0.234
一致性检验	$CI=0.011$，$RI=1.240$，$CR=0.009<0.1$					

湿陷性黄土填方渠道的风险因子包括：填方高度、湿陷性等级、工程处理措施、边坡稳定情况和排水设施有效性。各因子的权重计算结果见表6.2-4。

表6.2-4 湿陷性黄土土渠段各影响因子权重计算表

影响因子	填方高度/m	湿陷性等级	工程处理措施	边坡稳定情况	排水设施有效性
填方高度/m	1	1/2	1/4	1/4	1/4
湿陷性等级	2	1	1/2	1/2	1/2
工程处理措施	4	2	1	1	1
边坡稳定情况	4	2	1	1	1
排水设施有效性	4	2	1	1	1
权重	0.067	0.133	0.267	0.267	0.267
一致性检验	$CI=0.000$，$RI=1.12$，$CR=0.000<0.1$				

6.2.2.2 风险指数取值

如前所述，湿陷性黄土渠段风险评估分挖方渠道和填方渠道两种情况。对于挖方渠道，其风险因子包括开挖边坡高度、湿陷性等级、地下水位超过设计值幅度、工程处理措施、边坡稳定条件和排水设施有效性。对于填方渠道，其风险因子包括湿陷性黄土的湿陷性等级、填方高度、工程处理措施、边坡稳定情况和渠道防渗效果。

（1）湿陷性黄土的湿陷性等级。前期经过大量试验，确定了湿陷性黄土的湿陷性等级，在工程运行阶段，湿陷性等级变化属于难以发生事件。对于不同湿陷性等级，风险事件的风险指数分别进行取值。湿陷性等级为轻微，风险事件的风险指数取1.0；湿陷性等级为中等，风险事件的风险指数取1.3；湿陷性等级为严重，风险事件的风险指数取1.6；湿陷性等级为很严重，风险事件的风险指数取2.0。

（2）渠段填方高度。对于工程运行阶段，渠段填方高度不发生变化，属频繁事件，渠段填方高度发生变化属于难以发生事件。由于填方高度不同，对渠道渠基和边坡稳定条件影响还是存在一定差别的。对于渠基荷载而言，随着填方高度的增大，渠基土层承受的附加压力逐渐增加，相应渠基的变形逐渐增加和边坡稳定条件变差，因此风险指数也相应增加。当填方高度小于8m时，风险事件的风险指数取1.0。填方高度为8～15m时，风险事件的风险指数取1.5。填方高度大于15m时，风险事件的风险指数取2.0。

（3）工程处理措施。湿陷性黄土渠道的工程处理措施包括：强夯、夯扩桩、碾压和换填四种处理措施。对于某一渠段来说，上述四种工程处理措施，采用任何一种即可满足工程要求，因此其风险指数相同。从运行情况看，湿陷性黄土渠道未发现工程出现问题，因此工程处理措施满足设计要求的渠段属频繁发生事件。工程处理出现质量问题为偶然发生事件，上述四种工程处理措施出现问题的风险事件的风险指数取2.5。

（4）边坡稳定条件。总干渠运行期间，湿陷性黄土渠道没有出现渠坡变形、破坏问题。因此，从运行情况看，大部分边坡稳定，未见变形，属频繁发生事件。在深挖方渠段，边坡多处局部产生裂缝，该事件可归纳为偶然发生事件。按照边坡变形的严重程度和标度取值，当渠道出现局部裂缝、衬砌板隆起时，风险事件的风险指数取2.5。当渠道出现较大范围变形、滑坡和衬砌板隆起开裂时，风险事件的风险指数取3.0。

（5）防渗措施有效性。对于填方渠道，黄土湿陷变形可能引起渠基沉降变形导致渠道边坡开裂、滑坡、衬砌板开裂，渠道漏水等问题，严重的可能导致渠道溃口造成严重安全事故。从目前运行情况看，填方渠道总体运行良好，仅个别渠段填方渠道边坡有渗水现象。结合运行实际情况，目前湿陷性黄土渠段，未出现渠道开裂、渗水等问题，防渗措施运行良好。鉴于上述情况，防渗设施运行良好，属频繁发生事件。防渗设施失效属偶然发生事件。防渗设施个别失效风险事件的风险指数取2.0。防渗设施部分失效风险事件的风险指数取2.5。防渗设施全部失效的风险事件的风险指数取3.0。

其他风险因子，如渠道开挖边坡高度、地下水位超过设计值幅度、排水设施有效性的风险指数与膨胀岩（土）渠段相同。

6.2.2.3 各风险因子发生的风险指数和风险事件损失等级赋分

考虑各因子在工程运行可能产生的风险事件后果，结合南水北调工程的实际情况，确定湿陷性黄土挖方渠道和填方渠道风险事件的风险指数和风险事件损失等级赋分，取值分别见表6.2-5、表6.2-6。

表6.2-5 湿陷性黄土挖方渠道各风险因子的风险指数和风险事件等级赋分表

风险因子	开挖边坡高度/m				湿陷性等级				地下水位超过设计值幅度/m		工程处理措施				边坡稳定情况		排水设施有效性		
风险因子分级	＜15	15～20	20～30	＞30	轻微	中等	严重	很严重	0.3～1.0	＞1.0	换填	强夯	夯扩桩	碾压	局部产生裂缝，衬砌板隆起开裂	大范围变形，滑坡衬砌板隆起开裂	个别失效	部分失效	全部失效
风险指数	1.0	1.3	1.6	2.0	1.0	1.3	1.6	2.0	2.5	3.0	2.5	2.5	2.5	2.5	2.5	3.0	2.0	2.5	3.0
风险事件等级赋分	2	2	2	2	2	2	2	2	3	3	3	3	3	3	3	3	3	3	3

表6.2-6 湿陷性黄土填方渠道各风险因子的风险指数和风险事件等级赋分表

风险因子	填方高度/m			湿陷性等级				工程处理措施				边坡稳定情况		防渗有效性		
风险因子分级	＜8	8～15	＞15	轻微	中等	严重	很严重	换填	强夯	夯扩桩	碾压	局部产生裂缝，衬砌板隆起开裂	边坡较大范围变形，滑坡衬砌板隆起开裂	个别失效	部分失效	全部失效
风险指数	1.0	1.5	2.0	1.0	1.4	1.6	2.0	2.5	2.5	2.5	2.5	2.5	3.0	2.0	2.5	3.0
风险事件等级赋分	2	2	2	2	2	2	2	3	3	3	3	3	3	3	3	3

6.2.3 砂土液化渠段

6.2.3.1 砂土液化渠段的风险因子权重计算

砂土液化渠段的风险因子包括：地震动峰值加速度、砂土液化等级、工程处理措施和边坡稳定情况。各因子的权重计算见结果表6.2-7。

表6.2-7　砂土液化渠段各影响因子权重计算表

影响因子	地震动峰值加速度	砂土液化等级	工程处理措施	渠道变形情况
地震动峰值加速度	1	1/2	1/4	1/4
砂土液化等级	2	1	1/2	1/2
工程处理措施	4	1/2	1	1
边坡稳定情况	4	1/2	1	1
权重	0.09	0.182	0.364	0.364
一致性检验	$CI=0.000$，$RI=0.90$，$CR=0.000<0.1$			

6.2.3.2 风险指数取值

根据砂土液化风险因子分析图和工程运行的实际情况，对可能产生渠道边坡变形、衬砌板隆起开裂风险的风险因子进行梳理分析，选择地震基本烈度发生概率、砂土液化等级、工程处理措施和边坡稳定情况四个主要因子进行分析评价。

(1) 地震基本烈度发生概率。按照《南水北调工程中线场地地震安评报告》，确定渠道沿线50年超越概率10%的地震动峰值加速度作为场地液化和工程处理设计的依据，其发生概率为0.002。因此发生超过本区地震基本烈度属难以发生事件，风险事件的风险指数取2。

(2) 砂土液化等级。通过大量现场勘察和原位试验工作，土层的液化等级已经确定。土层液化等级不发生变化属频繁发生事件。对于渠道地基土层液化等级不会因工程修建而改变，属于难以发生事件。对于不同土层液化等级而言，液化等级轻微风险事件的风险指数取1.3，中等风险事件的风险指数取1.5，严重风险事件的风险指数取2.0。

(3) 边坡稳定情况。南水北调中线工程自通水运行以来，未存在液化土层渠段发生渠道变形问题，工程运行良好。目前渠段运行未出现边坡变形情况，变形满足要求属频繁发生事件。渠道边坡出现局部变形的事件属偶然发生，其风险事件的风险指数取2.0。大范围变形问题的事件属难以发生，风险事件的风险指数取3.0。

(4) 工程处理措施的风险指数取值与湿陷性黄土相同，换填、碾压、强夯（重夯）、挤密桩均取2.5。

6.2.3.3 各风险因子的风险指数和风险事件损失等级赋分取值

考虑各因子在工程运行可能产生的风险事件后果，结合南水北调工程的实际情况，确定砂土液化渠道风险事件的风险指数和风险事件损失等级赋分，取值见表6.2-8。

表 6.2-8 砂土液化渠道各风险因子的风险指数和风险事件等级赋分表

风险因子	地震基本烈度发生概率	砂土液化等级			工程处理措施				边坡稳定情况	
风险因子分级	超过50年超越概率10%地震动峰值加速度发生概率	轻微	中等	强烈	换填	碾压	挤密桩	强夯	局部产生裂缝，衬砌板隆起开裂	边坡较大范围变形，滑坡衬砌板隆起开裂
风险指数	2	1.3	1.5	2.0	2.5	2.5	2.5	2.5	2.0	3.0
风险事件等级赋分	2	2	2	2	3	3	3	3	3	3

6.2.4 高地下水位渠段

6.2.4.1 高地下水位渠段风险因子权重计算

高地下水位的风险因子包括：开挖边坡高度、岩土体渗透性、地下水位超过设计值幅度、工程处理措施、边坡稳定情况、排水设施有效性 6 个因子。各因子权重计算结果见表 6.2-9。

表 6.2-9 高地下水位土体渠段各影响因子权重计算表

影响因子	开挖边坡高度/m	岩土体渗透性	地下水位超过设计值幅度/m	工程处理措施	边坡稳定情况	排水设施有效性
开挖边坡高度/m	1	1/2	1/3	1/4	1/5	1/5
土体渗透性	2	1	1/2	1/2	1/3	1/3
地下水位超过设计值幅度/m	3	2	1	1/2	1/2	1/2
工程处理措施	4	2	2	1	1	1
边坡稳定情况	5	2	2	1	1	1
排水设施有效性	5	2	2	1	1	1
权重	0.049	0.088	0.136	0.226	0.251	0.251
一致性检验	$CI=0.008$，$RI=1.240$，$CR=0.006<0.1$					

6.2.4.2 风险指数取值

（1）岩土体渗透性。岩土体的渗透性的大小，是边坡排水设计方案的重要依据。岩土体的渗透性通过大量的现场和室内试验确定，在渠道运行期间可以认为是不变的。但不同岩土体的渗透性差异，对渠道边坡的影响还是有差别的。边坡岩土体透水性大，有利于边坡孔隙水及时排泄，反之则不利于边坡孔隙水的排泄。同时边坡孔隙水压力也是影响边坡稳定和衬砌板变形的重要因素。随着岩土体透水性由大到小，与形成的孔隙水压力是正相关的。岩土体透水性越大，形成的孔隙水压力也相应增大。如果不能及时消除孔隙水压力，可能对渠道边坡和衬砌板稳定产生不利影响。通过大量试验确定的岩土体渗透性，不发生变化属频繁发生事件。岩土体渗透性发生变化属于难以发生事件。根据岩土体透水性进一步细分：岩土体微透水层风险事件的风险指数取 1.2。弱透水层风险事件的风险指数取 1.3。中等透水层风险事件的风险指数取 1.6。强透水层风险事件的风险指数取 2.0。

（2）工程处理措施。针对高地下水位渠道的工程处理措施包括：抗滑桩、排水孔、排水暗管三种，有的渠段使用一种措施，有的渠段几种措施同时使用。从工程运行情况看，排水设施还是存在堵塞情况的，也引起局部衬砌板隆起和开裂情况，可以认为排水措施的稳定运行还是存在一定安全隐患的。根据运行情况，排水措施正常运行属频繁发生事件。排水措施出现问题为偶然发生事件，三种措施风险事件的风险指数取 2.5。三种措施同时使用风险事件的风险指数取 3.0。

（3）开挖边坡高度、地下水位超过设计值幅度、排水设施的有效性的风险指数取值与膨胀岩（土）渠段相同。边坡稳定条件的风险指数取值与湿陷性黄土相同。

6.2.4.3 各风险因子发生风险指数和风险事件损失等级赋分取值

考虑各因子在工程运行可能产生的风险事件后果，结合南水北调工程的实际情况，确定高地下水位渠段风险事件的风险指数和风险事件损失等级赋分，取值见表 6.2-10。

表 6.2-10　高地下水位渠段各风险因子的风险指数和风险事件等级赋分表

风险因子	开挖边坡高度/m				岩土体渗透性				地下水位超过设计值幅度/m		工程处理措施				边坡稳定情况		排水设施有效性		
风险因子分级	<15	15～20	20～30	>30	微透水	弱透水	中等透水	强透水	0.3～1.0	>1.0	抗滑桩	排水孔	排水暗管	3种同时使用	局部产生裂缝，衬砌板隆起开裂	边坡较大范围变形，滑坡衬砌板隆起开裂	个别失效	部分失效	全部失效
风险指数	1.0	1.3	1.6	2.0	1.2	1.4	1.6	2.0	2.5	3.0	2.5	2.5	2.5	3.0	2.5	3.0	2.0	2.5	3.0
风险事件等级赋分	2	2	2	2	2	2	2	2	3	3	3	3	3	3	3	3	3	3	3

6.2.5 煤矿采空区渠段

6.2.5.1 煤矿采空区渠段风险因子权重计算

煤矿采空区渠段风险因子包括：渠段开挖深度或填方高度、渠道与采空区的关系、采空区塌陷变形情况、工程处理措施和变形监测情况。各风险因子的权重值计算结果见表 6.2-11。

表 6.2-11　　煤矿采空区渠段各影响因子权重计算表

影响因子	渠段开挖深度或填方高度	渠道与采空区的关系	采空区塌陷变形情况	工程处理措施	变形监测情况
渠段开挖深度或填方高度	1	1/3	1/4	1/4	1/4
渠道与煤矿采空区的关系	3	1	1	1	1
采空区塌陷稳定情况	4	1	1	1	1
工程处理措施	4	1	1	1	1
变形监测情况	4	1	1	1	1
权重	0.063	0.224	0.238	0.238	0.238
一致性检验	$CI=0.002$，$RI=1.120$，$CR=0.002<0.1$				

6.2.5.2　发生风险指数取值

根据风险因子分析图和工程运行的实际情况，对煤矿采空区渠段影响渠道风险因子进行梳理分析，选择渠道开挖边坡高度、填方高度、渠道与采空区的关系、采空区塌陷变形稳定情况、工程处理措施和变形监测情况 6 个主要因子进行分析评价。

（1）渠道与煤矿采空区的关系。渠道与煤矿采空区的关系分为：渠道位于采空塌陷区上方、渠道位于采空塌陷影响区和渠道位于采空塌陷影响区以外 3 种情况。渠道位于采空塌陷区上方，采空塌陷区的变形对渠道产生直接影响，只要有塌陷变形，就会对渠道边坡产生影响。渠道位于采空塌陷影响区，采空塌陷区的变形虽然对渠道产生一定影响，只有塌陷变形比较大时，才有可能对渠道边坡产生影响。对于渠道位于采空塌陷区以外，除非采空塌陷区的地面沉陷变形范围进一步扩大，影响到渠道地基，才会对渠基变形产生影响。综合上述分析，渠道位于采空塌陷区上方，渠道变形的可能性非常大，属于频繁发生事件。渠道位于采空塌陷影响区，只有采空塌陷区沉陷变形非常大时，才会波及渠道地基，属于可发生事件，风险事件的风险指数取 3.0。渠道位于采空塌陷影响区外，除非采空塌陷区划分范围产生误差，或遗漏采空塌陷区，才会波及渠道地基，属于偶然发生事件，风险事件的风险指数取 2.5。

（2）采空区塌陷稳定情况。衡量采空塌陷区是否处于稳定状态，最直观的标准就是目前地表的沉降变形是否处于稳定状态。按照地面变形情况划分为 3 种情况：对于古老的采空区，经过多年沉陷变形，地表已经处于稳定状态；对于已经形成几十年的采空区，沉陷变形基本稳定，虽然地表还有一定的变形情况，但变形速率低，难以对建筑物产生危害；对于新近形成的采空塌陷区，沉陷变形刚刚开始，其特点是沉陷变形速率和变形量均属于难以控制阶段，对建筑物的危害也是比较严重的。综合上述分析，对于古老的已经沉陷稳定采空塌陷区，产生新的沉陷变形的可能性较小，属于难以发生的事件。对于塌陷变形基本稳定的形成时间较久的采空塌陷区，产生新的沉陷变形的事件属于可能发生事件，风险事件的风险指数取 2.0。对于新近形成的采空塌陷区，塌陷变形正处于发展阶段，地表塌陷变形属于频繁发生事件，风险事件的风险指数取 3.0。

（3）工程处理措施。煤矿采空塌陷区采取的工程处理措施是对采空区进行注浆回填，从检测的成果资料表明，处理工程质量满足设计要求。据调查，对所有经过采空塌陷区的渠段均进行注浆回填处理，不存在未处理的煤矿采空区渠段。注浆回填工程质量满足要求属频繁发生事件。注浆回填工程出现质量问题的概率可能性是比较小的，属偶然发生事件，风险事件的风险指数取2.5。

（4）变形监测情况。目前工程已运行超过两年，在采空塌陷区经过的渠道变形监测工作一直在进行。监测的数据涉及四个煤矿，目前监测数据表明，新峰矿务局二矿抬升5mm，梁北镇新村煤矿下沉20.9mm，梁北镇工贸公司煤矿下沉10mm，梁北镇福利煤矿下沉2mm。另外对渠道1.2km外的采空区也进行相应监测，其最大变形沉降量为35.5mm。根据上述监测成果，渠道采空塌陷区目前仍存在沉降变形问题，变形值在设计允许范围内，而且变形趋向逐步稳定状态。相应渠道地面、土体和渠道边坡和衬砌板等均未发现有裂缝、隆起、沉陷问题。综合上述情况，渠道发生变形且趋于稳定，变形满足设计要求，属于频繁发生事件。据监测资料，未出现变形大范围超出设计容许值情况，属难以发生事件，风险事件的风险指数取2.0。出现渠基变形不满足设计情况，属难以发生事件，风险事件的风险指数取3.0。

（5）开挖边坡高度的风险指数取值与膨胀岩（土）渠段相同。

6.2.5.3 各风险因子发生风险指数和风险事件损失等级赋分取值。

考虑各因子在工程运行可能产生的风险事件后果，结合南水北调工程的实际情况，确定风险事件的风险指数和风险事件损失等级赋分，取值见表6.2-12。

表6.2-12　煤矿采空区渠道各风险因子的风险指数和风险事件等级赋分表

风险因子	开挖边坡高度/m				填方高度/m			渠道与煤矿采空区的关系		工程处理措施	边坡稳定情况		变形监测	
风险因子分级	<15	15～20	20～30	>30	<8	8～15	>15	塌陷影响区内	塌陷区上部	回填注浆质量不满足要求	局部产生裂缝，衬砌板隆起开裂	边坡较大范围变形，滑坡衬砌板隆起开裂	变形持续，变形幅度满足设计要求	变形持续，变形幅度超过设计容许值
风险指数	1.0	1.3	1.6	2.0	1.0	1.5	2.0	2.5	3.0	2.5	2.0	3.0	2.0	3.0
风险事件等级赋分	2	2	2	2	2	2	2	3	3	3	3	3	3	3

6.2.6 深挖方渠段

6.2.6.1 深挖方渠段风险因子权重计算

（1）深挖方岩体渠道风险因子权重计算。深挖方岩体渠道风险因子包括：开挖边坡高度、岩层产状与开挖边坡的关系、地下水位超过设计值幅度、工程处理措施、边坡稳定情况和排水设施有效性6个因子。各风险因子的权重计算结果见表6.2-13。

表6.2-13　深挖方岩体渠道各影响因子权重计算表

影响因子	开挖边坡高度	岩层产状与开挖边坡关系	地下水位超过设计值幅度	工程处理措施	边坡稳定情况	排水设施有效性
开挖边坡高度	1	1/2	1/3	1/4	1/5	1/4
岩层产状与开挖边坡的关系	2	1	1/2	1/2	1/2	1/2
地下水位超过设计值幅度	3	1/2	1	1/2	1/2	1/2
工程处理措施	4	2	2	1	1	1
边坡稳定情况	5	2	2	1	1	1
排水设施有效性	4	2	2	1	1	1
权重	0.052	0.103	0.139	0.232	0.241	0.232
一致性检验	$CI=0.011$，$RI=1.240$，$CR=0.009<0.1$					

（2）深挖方土体渠段风险因子权重计算。深挖方土体渠道风险因子包括：开挖边坡高度、土层结构、地下水位超过设计值幅度、工程处理措施、边坡稳定情况和排水设施有效性6个因子。各风险因子的权重计算结果见表6.2-14。

表6.2-14　挖方土体渠段各影响因子权重计算表

影响因子	开挖边坡高度	土层结构	地下水位超过设计值幅度	工程处理措施	边坡稳定情况	排水设施有效性
开挖边坡高度	1	1/2	1/3	1/4	1/5	1/5
土层结构	2	1	1/2	1/2	1/3	1/3
地下水位超过设计值幅度	3	2	1	1/2	1/2	1/2
工程处理措施	4	2	2	1	1	1
边坡稳定情况	5	2	2	1	1	1
排水设施有效性	5	2	2	1	1	1
权重	0.049	0.088	0.136	0.226	0.251	0.251
一致性检验	$CI=0.008$，$RI=1.240$，$CR=0.006<0.1$					

6.2.6.2　风险指数取值

（1）土层结构。土层结构分为单层结构、双层结构和多层结构3种情况。由于土层的物理力学性质的差异，边坡土体结构不同，其稳定条件还是存在差异的。单层结构土层性质相对均匀，边坡稳定条件相对简单。双层或多层结构由于各层物理力学性质的差异，边坡稳定条件相对复杂。对于运行渠道来说，土层结构不变属频发事件。土层结构发生变化属于难以发生事件。综合上述分析，根据土层结构风险事件的风险指数取值进一步细分：单层结构取 1.0；双层结构取 1.5；多层结构取 2.0。

（2）岩层产状与开挖边坡的关系。岩层产状与开挖边坡的关系对边坡稳定条件和评价是非常重要的，顺向坡边坡稳定条件最差，斜向顺向坡次之，逆向坡稳定条件最好。作为已经运行的渠道，岩层产状作为边坡设计的基本地质条件，已经根据相应地质评价采取相应的工程处理措施。运行期间不会产生变化属频繁发生事件。岩层产状与开挖边坡关系发生变化的情况属于难以发生事件。针对具体情况，风险事件的风险指数取值进一步细化：逆向坡取 1.0，斜向顺向坡取 1.5，顺向坡取 2.0。

（3）工程处理措施。针对深挖方土体渠道的工程处理措施包括：抗滑桩、排水孔及抗滑桩＋排水孔三种情况。有的渠段使用一种措施，有的渠段几种措施同时使用。从工程运行情况看，排水设施还是存在堵塞情况的，也引起局部衬砌板隆起和开裂情况。从工程运行情况看，渠道总体排水措施良好，属频繁发生事件。可以认为抗滑桩和排水措施的稳定运行还是存在一定安全隐患的，出现问题为偶然发生事件，风险事件的风险指数取 2.0。两种措施同时使用时，风险事件的风险指数取 3.0。

针对深挖方岩体渠道的工程处理措施包括：喷混凝土、锚杆＋锚索和排水孔 3 种措施。有的渠段使用一种措施，有的渠段几种措施同时使用。从工程运行情况看，岩体渠道总体运行情况良好，仅在河北段桩号 144＋571～144＋583 因边坡顺坡向断层带开挖不彻底，造成遗留断层上盘在 2016 年 9 月边坡发生开裂，后对遗留的断层破碎带采取开挖处理，并回填混凝土处理。因此岩体边坡稳定属频繁发生事件。可以认为喷混凝土、锚喷＋锚索和排水措施 3 种措施同时使用，除个别渠段喷混凝土有开裂外，总体运行良好，局部出现问题为偶然发生事件。3 种措施单独使用时，风险事件的风险指数取 2.0。3 种措施同时使用时，风险事件的风险指数取 3.0。

（4）边坡稳定情况。南水北调中线工程运行几年来，个别渠段边坡和衬砌板出现变形和隆起、开裂的情况，虽然经过及时处理并未影响渠道输水的正常运行，但是说明渠道边坡还是存在变形风险的。从运行情况看，大部分边坡稳定，未见变形，属频繁发生事件。边坡多处局部产生裂缝，可归纳为偶然发生事件，风险事件的风险指数取 2.0。当渠道出现较大范围变形、滑坡和衬砌板隆起开裂时，风险事件的风险指数取 3.0。

（5）开挖边坡高度、地下水位超过设计值幅度、排水设施有效性的风险指数取值与膨胀岩（土）渠段相同。

6.2.6.3 各风险因子发生的指数和风险事件损失等级赋分取值

考虑各因子在工程运行可能产生的风险事件后果，结合南水北调工程的实际情况，根据深挖方岩体渠道、深挖方土体渠道各风险因子发生概率，风险事件的风险指数和风险事件损失等级赋分见表 6.2－15 和表 6.2－16。

表 6.2-15　　深挖方岩体渠道各风险因子的风险指数和风险事件等级赋分表

风险因子	开挖边坡高度/m			岩层产状与开挖边坡的关系			地下水位超过设计值幅度/m		工程处理措施				边坡稳定情况		排水设施有效性		
风险因子分级	15～20	20～30	>30	逆向坡	斜向坡	顺向坡	0.3～1.0	>1.0	喷混凝土	系统锚杆或锚索	排水孔	3种同时使用	局部产生裂缝，衬砌板隆起开裂	边坡较大范围变形，滑坡衬砌板隆起开裂	个别失效	部分失效	全部失效
风险指数	1.0	1.5	2.0	1.0	1.5	2.0	2.0	3.0	2.0	2.0	2.0	3.0	2.0	3.0	2.0	2.5	3.0
风险事件等级赋分	2	2	2	2	2	2	3	3	3	3	3	3	3	3	3	3	3

表 6.2-16　　深挖方土体渠道各风险因子的风险指数和风险事件等级赋分表

风险因子	开挖边坡高度/m			土层结构			地下水位超过设计值幅度/m		工程处理措施			边坡稳定情况		排水设施有效性		
风险因子分级	15～20	20～30	>30	单层	双层	多层	0.3～1.0	>1.0	抗滑桩	排水孔	2种同时使用	局部产生裂缝，衬砌板隆起开裂	边坡较大范围变形，滑坡衬砌板隆起开裂	个别失效	部分失效	全部失效
风险指数	1.0	1.5	2.0	1.0	1.5	2.0	2.0	3.0	2.0	2.0	3.0	2.0	3.0	2.0	2.0	3.0
风险事件等级赋分	2	2	2	2	2	2	3	3	3	3	3	3	3	3	3	3

6.2.7　膨胀岩（土）和深挖方组合渠道

膨胀岩（土）和深挖方渠道风险因子包括：开挖边坡高度、膨胀性等级、地下水位超过设计值幅度、工程处理措施、边坡稳定情况和排水设施有效性6个因子。各风险因子的权重计算结果见表6.2-17。

表 6.2-17　　膨胀岩（土）和深挖方组合渠段各影响因子权重计算表

影响因子	开挖边坡高度/m	膨胀性等级	地下水位超过设计值幅度/m	工程处理措施	边坡稳定情况	排水设施有效性
开挖边坡高度/m	1	1/2	1/3	1/4	1/5	1/5
膨胀性等级	2	1	1/2	1/2	1/3	1/3
地下水位超过设计值幅度/m	3	2	1	1/2	1/2	1/2
工程处理措施	4	2	2	1	1	1
边坡稳定情况	5	2	2	1	1	1
排水设施有效性	5	2	2	1	1	1

续表

影响因子	开挖边坡高度/m	膨胀性等级	地下水位超过设计值幅度/m	工程处理措施	边坡稳定情况	排水设施有效性
权重	0.049	0.088	0.136	0.226	0.251	0.251
一致性检验	$CI=0.008$，$RI=1.240$，$CR=0.006<1$					

综合前述膨胀岩（土）和深挖方渠段相关因子的风险指数取值方法和南水北调工程的实际情况，综合确定膨胀岩（土）和深挖方土体组合渠道风险事件的风险指数和风险事件损失等级赋分，见表6.2-18。其中邓州管理处K8＋023～K13＋450为中膨胀岩（土）与深挖方组合渠段，辉县管理处韭山桥K598＋187～K599＋187为弱膨胀岩（土）与深挖方组合渠段，邯郸管理处K772＋987～K773＋087为中、强膨胀岩（土）与深挖方组合渠段，临城管理处K896＋309～K897＋569为中膨胀岩（土）与深挖方组合渠段，运行期出现过边坡变形、衬砌板隆起、开裂等事件，风险事件严重性等级按4级取值。

表6.2-18　膨胀岩（土）和深挖方组合渠道各风险因子的风险指数和风险事件等级赋分表

风险因子	开挖边坡高度/m			膨胀性等级			地下水位超过设计值幅度/m		工程处理措施				边坡稳定情况		排水设施有效性		
风险因子分级	15～20	20～30	>30	弱膨胀性	中膨胀性	强膨胀性	0.3～1.0	>1.0	换填	抗滑桩	排水孔	3种同时使用	局部产生裂缝，衬砌板隆起开裂	边坡较大范围变形，滑坡衬砌板隆起开裂	个别失效	部分失效	全部失效
风险指数	1.0	1.5	2.0	1.0	1.5	2.0	2.0	3.0	2.0	2.0	2.0	3.0	2.0	3.0	2.0	2.5	3.0
风险事件等级赋分	2	2	2	2	2	2	3	3	3	3	3	3	3	3	3	3	3

6.3　代表性渠段风险等级计算

6.3.1　风险事件量值计算方法

根据不同风险因子的权重和可能对渠道运行产生风险事件的贡献，不同风险因子可能发生概率赋分，采用下式计算不良地质条件渠段的风险等级：

$$R=PL,\quad P=\sum f_i A\ (p_i)\ i_1 \qquad (6.3-1)$$

式中：R为风险事件量值；P为风险事件发生的可能性；L为风险事件严重性；f_i为第i个风险因子的权重；$A\ (p_i)$为第i个风险因子的发生可能性（取值0～5）。

6.3.2　代表性渠风险等级

根据上述计算公式，对131个代表渠段的风险事件量值进行了计算。然后，根据计算的风险量值和第5章表5.3-11确定相应的风险等级。限于篇幅，这里只列出部分代表性渠段的计算结果和风险等级，见表6.3-1。

表 6.3-1 部分代表性渠段风险指数计算结果与相应的风险等级

序号	开挖深度/m	不良地质条件	工程处理措施	计算条件	风险量值	风险等级
1	13～23	中膨胀土，高地下水位	挖深20～30m，换填改性土、设置抗滑桩和排水系统的渠段	水位变幅超过设计水位0.3～1m，排水孔个别失效，边坡未见变形	3	Ⅰ
				水位变幅超过设计水位大于1m，排水孔全部失效，边坡大范围变形	6.2	Ⅱ
2	23～47.5	中膨胀土	挖深大于30m，换填改性土、设置抗滑桩和排水系统的渠段	水位变幅超过设计水位0.3～1m，排水孔个别失效，边坡出现变形	8.9	Ⅱ
				水位变幅超过设计水位大于1m，排水孔全部失效，边坡大范围变形	10.9	Ⅲ
3	20～23	强膨胀土	挖深15～20m，换填改性土、设置抗滑桩和边坡排水系统	水位变幅超过设计水位0.3～1m，排水孔个别失效，边坡未见变形	3	Ⅰ
				水位变幅超过设计水位大于1m，排水孔全部失效，边坡大范围变形	6.3	Ⅱ
4	20～26.5	中—强膨胀土，高地下水位	挖深20～30m，换填水泥改性土、设置抗滑桩和排水系统的渠段	水位变幅超过设计水位0.3～1m，排水孔个别失效，边坡未见变形	3	Ⅰ
				水位变幅超过设计水位大于1m，排水孔全部失效，边坡大范围变形	6.2	Ⅱ
5	4～11	弱膨胀土	半挖半填和挖深小于15m，换填水泥改性土。设置抗滑桩和边坡排水系统	水位变幅超过设计水位0.3～1m，排水孔个别失效，边坡未见变形	2.9	Ⅰ
				水位变幅超过设计水位大于1m，排水孔全部失效，边坡大范围变形	5.9	Ⅱ
6	5～15	强膨胀土	半挖半填和挖深小于15m，换填水泥改性土，设置抗滑桩和排水系统的渠段	水位变幅超过设计水位0.3～1m，排水孔个别失效，边坡未见变形	3.1	Ⅰ
				水位变幅超过设计水位大于1m，排水孔全部失效，边坡大范围变形	6.1	Ⅱ
7	9～10	中膨胀土	半挖半填和挖深小于15m，换填水泥改性土、设置抗滑桩和边坡排水系统的渠段	水位变幅超过设计水位0.3～1m，排水孔个别失效，边坡未见变形	3	Ⅰ
				水位变幅超过设计水位大于1m，排水孔全部失效，边坡大范围变形	6	Ⅱ
8	14～18	中膨胀土，高地下水位	挖深15～20m，换填水泥改性土、设置抗滑桩和边坡排水系统的渠段	水位变幅超过设计水位0.3～1m，排水孔个别失效，边坡未见变形	2.9	Ⅰ
				水位变幅超过设计水位大于1m，排水孔全部失效，边坡大范围变形	6.1	Ⅱ
9	5～13	强膨胀土	挖深小于15m，换填水泥改性土、设置抗滑桩和边坡排水系统	水位变幅超过设计水位0.3～1m，排水孔个别失效，边坡未见变形	3.1	Ⅰ
				水位变幅超过设计水位大于1m，排水孔全部失效，边坡大范围变形	6.3	Ⅱ

续表

序号	开挖深度/m	不良地质条件	工程处理措施	计 算 条 件	风险量值	风险等级
10	7～14	高地下水位、中膨胀土	挖深小于15m，换填水泥改性，设置抗滑桩和设置边坡排水系统	水位变幅超过设计水位0.3～1m，排水孔个别失效，边坡未见变形	3	Ⅰ
				水位变幅超过设计水位大于1m，排水孔全部失效，边坡大范围变形	6.2	Ⅱ
11	10～24	高地下水位、中—强膨胀土	挖深15～25m，换填水泥改性土、设置抗滑桩和边坡排水系统的渠段	水位变幅超过设计水位0.3～1m，排水孔个别失效，边坡未见变形	3	Ⅰ
				水位变幅超过设计水位大于1m，排水孔全部失效，边坡大范围变形	6.3	Ⅱ
12	2～10	中膨胀土	挖深小于15m，换填水泥改性土和设置边坡排水系统的渠段	水位变幅超过设计水位0.3～1m，排水孔个别失效，边坡未见变形	3	Ⅰ
				水位变幅超过设计水位大于1m，排水孔全部失效，边坡大范围变形	6	Ⅱ
13	8～22	强膨胀土	挖深15～20m，换填水泥改性土和设置边坡排水系统的渠段	水位变幅超过设计水位0.3～1m，排水孔个别失效，边坡未见变形	3	Ⅰ
				水位变幅超过设计水位大于1m，排水孔全部失效，边坡大范围变形	6.3	Ⅱ
14	10～15	弱膨胀岩	挖深小于15m，换填水泥改性土和设置边坡排水系统的渠段	水位变幅超过设计水位0.3～1m，排水孔个别失效，边坡未见变形	2.9	Ⅰ
				水位变幅超过设计水位大于1m，排水孔全部失效，边坡大范围变形	5.9	Ⅱ
15	2～6	弱膨胀岩，局部中等膨胀岩	挖深小于15m，换填水泥改性土和设置边坡排水系统	水位变幅超过设计水位0.3～1m，排水孔个别失效，边坡未见变形	3	Ⅰ
				水位变幅超过设计水位大于1m，排水孔全部失效，边坡大范围变形	6.2	Ⅱ
16	9～38	中膨胀岩，局部强膨胀岩	挖深大于30m，换填水泥改性土和设置边坡排水系统的渠段	水位变幅超过设计水位0.3～1m，排水孔个别失效，边坡未见变形	3.1	Ⅰ
				水位变幅超过设计水位大于1m，排水孔全部失效，边坡大范围变形	6.3	Ⅱ
17	3～15	中膨胀岩	挖深小于15m，换填水泥改性土和设置边坡排水系统的渠段	水位变幅超过设计水位0.3～1m，排水孔个别失效，边坡未见变形	3	Ⅰ
				水位变幅超过设计水位大于1m，排水孔全部失效，边坡大范围变形	6	Ⅱ
18	8～10	中膨胀岩，局部强膨胀岩	挖深小于15m，换填水泥改性土和设置边坡排水系统的渠段	水位变幅超过设计水位0.3～1m，排水孔个别失效，边坡未见变形	3	Ⅰ
				水位变幅超过设计水位大于1m，排水孔全部失效，边坡大范围变形	6	Ⅱ
19	20～24	中膨胀岩，局部强膨胀岩	挖深20～30m，换填水泥改性土和设置边坡排水系统的渠段	水位变幅超过设计水位0.3～1m，排水孔个别失效，边坡未见变形	3	Ⅰ
				水位变幅超过设计水位大于1m，排水孔全部失效，边坡大范围变形	6.3	Ⅱ

续表

序号	开挖深度/m	不良地质条件	工程处理措施	计算条件	风险量值	风险等级
20	1～13	煤矿采空区	半挖半填和挖深小于15m，对采空区回填注浆，存在变形，但在设计容许范围内的渠段	采空区存在变形，渠道边坡未见变形	3.6	Ⅰ
				渠道边坡开裂、渗水、溃口，渠基变形超过设计容许值	6.5	Ⅱ
21	9～15	煤矿采空区（塌陷区）	填方9～15m，对采空区回填注浆，存在变形，但在设计容许范围内的渠段	采空区存在变形，渠道边坡未见变形	3.6	Ⅰ
				渠道边坡开裂、渗水、溃口，渠基变形超过设计容许值	6.5	Ⅱ
22	10～20	煤矿采空区	挖深10～20mm，对采空区回填注浆，存在变形，但在设计容许范围内的渠段	采空区存在变形，渠道边坡未见变形	3.7	Ⅰ
				水位变幅超过设计水位大于1m，排水孔全部失效，边坡大范围变形	6.5	Ⅱ
23	10～12	中等—强烈湿陷性黄土，高地下水位，弱膨胀土	挖深小于15m，碾压、换填水泥改性土、设置边坡排水系统的渠段	水位变幅超过设计水位0.3～1m，排水孔个别失效，边坡未见变形	2.9	Ⅰ
				水位变幅超过设计水位大于1m，排水孔全部失效，边坡大范围变形	5.9	Ⅱ
24	6～14	轻微—中等湿陷性黄土，弱膨胀土	挖深小于15m，强夯、挤密桩、碾压、换填水泥改性土和设置边坡排水系统的渠段	水位变幅超过设计水位0.3～1m，排水孔个别失效，边坡未见变形	2.9	Ⅰ
				水位变幅超过设计水位大于1m，排水孔全部失效，边坡大范围变形	5.9	Ⅱ
25	4～12	弱膨胀土	半挖半填和挖深小于15m，换填水泥改性土和设置边坡排水系统的渠段	水位变幅超过设计水位0.3～1m，排水孔个别失效，边坡未见变形	2.9	Ⅰ
				水位变幅超过设计水位大于1m，排水孔全部失效，边坡大范围变形	5.9	Ⅱ
26	0～12	饱和少黏性土液化，液化等级为轻微—中等	半挖半填和挖深小于15m，换填处理的渠段	渠道边坡未见变形	0.8	Ⅰ
				水位变幅超过设计水位大于1m，排水孔全部失效，边坡大范围变形	6.7	Ⅱ
27	10～26	高地下水位，弱膨胀土，液化等级为轻微—中等	挖深20～30m，强夯、挤密桩、换填水泥改性土和设置边坡排水系统的渠段	水位变幅超过设计水位0.3～1m，排水孔个别失效，边坡未见变形	2.9	Ⅰ
				水位变幅超过设计水位大于1m，排水孔全部失效，边坡大范围变形	6.1	Ⅱ
28	12～14	高地下水位，饱和少黏性土液化。液化等级为轻微—中等	代表挖深小于15m，采用砂石挤密桩和强夯处理。设置边边排水系统的渠道	水位变幅超过设计水位0.3～1m，排水孔个别失效，边坡未见变形	2.8	Ⅰ
				水位变幅超过设计水位大于1m，排水孔全部失效，边坡大范围变形	6.1	Ⅱ

续表

序号	开挖深度/m	不良地质条件	工程处理措施	计算条件	风险量值	风险等级
29	7～11	饱和少黏性土液化。液化等级为中等—严重	代表挖深小于15m，采用砂石挤密桩、强夯处理的渠段	边坡未见变形	1.1	Ⅰ
				水位变幅超过设计水位变幅1m，排水孔全部失效，边坡大范围变形	6.9	Ⅱ
30	15～20	黄土状粉质壤土	代表挖深15～20m，设置边坡排水系统的渠段	水位变幅超过设计水位0.3～1m，排水孔个别失效，边坡未见变形	2.8	Ⅰ
				水位变幅超过设计水位大于1m，排水孔全部失效，边坡大范围变形	6.2	Ⅱ
31	12～35	黄土状粉质壤土，高地下水位	代表挖深大于30m，设置边坡排水系统的渠段	水位变幅超过设计水位0.3～1m，排水孔个别失效，边坡未见变形	2.9	Ⅰ
				水位变幅超过设计水位大于1m，排水孔全部失效，边坡大范围变形	6.3	Ⅱ
32	16～25.6	中膨胀土	挖深20～30m，换填水泥改性土和设置边坡排水系统的渠段	水位变幅超过设计水位0.3～1m，排水孔个别失效，边坡未见变形	3	Ⅰ
				水位变幅超过设计水位大于1m，排水孔全部失效，边坡大范围变形	6.2	Ⅱ
33	14.6～17.0	弱膨胀土	挖深15～20m，换填水泥改性土和设置边坡排水系统的渠段	水位变幅超过设计水位0.3～1m，排水孔个别失效，边坡未见变形	2.9	Ⅰ
				水位变幅超过设计水位大于1m，排水孔全部失效，边坡大范围变形	6.1	Ⅱ
34	19.3～46.6	黄土状粉质壤土，弱湿陷性黄土	挖深大于30m，设置边坡排水系统，坡面防护	水位变幅超过设计水位0.3～1m，排水孔个别失效，边坡未见变形	2.9	Ⅰ
				水位变幅超过设计水位大于1m，排水孔全部失效，边坡大范围变形	6.3	Ⅱ
35	7.0～11	砂壤土或壤土，砂土轻微—中等液化	填方高度大于8m，挤密砂桩	边坡未见变形	0.9	Ⅰ
				边坡出现大范围变形	6.8	Ⅱ
36	7～10	中等—强烈湿陷性黄土状土，高地下水位	挖深小于15m，采用重夯处理的渠道	水位变幅超过设计水位0.3～1m，排水孔个别失效，边坡未见变形	2.8	Ⅰ
				水位变幅超过设计水位大于1m，排水孔全部失效，边坡大范围变形	6.1	Ⅱ
37	20～40	K541+407～K544+333，高地下水位和中膨胀土	挖深大于30m，换填水泥改性土和设置边坡排水系统的渠段	水位变幅超过设计水位0.3～1m，排水孔个别失效，边坡未见变形	3	Ⅰ
				水位变幅超过设计水位大于1m，排水孔全部失效，边坡大范围变形	6.2	Ⅱ
38	15～40	灰岩岩石边坡	挖深大于30m，喷混凝土和设置边坡排水系统的渠段	水位变幅超过设计水位0.3～1m，排水孔个别失效，边坡未见变形	3	Ⅰ
				水位变幅超过设计水位大于1m，排水孔全部失效，边坡大范围变形	6.2	Ⅱ

续表

序号	开挖深度/m	不良地质条件	工程处理措施	计算条件	风险量值	风险等级
39	15.0～30.0	一级马道以下弱膨胀土，砂卵砾石层。施工期地下水位低于渠底	挖深20～30m，换填3.7m黏土防渗层的渠段	2016年7月9日强降雨，导致左侧边坡砂砾石层饱和，在承压水头作用下边坡发生大范围变形滑坡。目前处理方案正在落实，采用边坡排水井和压重维持边坡稳定	10.8	Ⅲ
40	16～30	中膨胀岩（土）	挖深20～30m，换填水泥改性土和设置边坡排水系统的渠段	水位变幅超过设计水位0.3～1m，排水孔个别失效，边坡未见变形	3	Ⅰ
				水位变幅超过设计水位大于1m，排水孔全部失效，边坡大范围变形	6.2	Ⅱ
41	14	强膨胀岩（土）	挖深小于15m，换填水泥改性土和设置边坡排水系统的渠段	水位变幅超过设计水位0.3～1m，排水孔个别失效，边坡未见变形	3.1	Ⅰ
				水位变幅超过设计水位大于1m，排水孔全部失效，边坡大范围变形	6.1	Ⅱ
42	5～8	弱膨胀土，高地下水位	挖深小于15m，换填水泥改性土和设置边坡排水系统的渠段	水位变幅超过设计水位0.3～1m，排水孔个别失效，边坡未见变形	2.8	Ⅰ
				水位变幅超过设计水位大于1m，排水孔全部失效，边坡大范围变形	6	Ⅱ
43	15～19	中膨胀土（岩），高地下水位	挖深15～20m，换填水泥改性土和设置边坡排水系统的渠段	水位变幅超过设计水位0.3～1m，排水孔个别失效，边坡未见变形	2.9	Ⅰ
				水位变幅超过设计水位大于1m，排水孔全部失效，边坡大范围变形	6.1	Ⅱ
44	6～9	弱膨胀土（岩）	半挖半填和挖深小于15m，换填水泥改性土设置边坡排水系统的渠段	水位变幅超过设计水位0.3～1m，排水孔个别失效，边坡未见变形	2.9	Ⅰ
				水位变幅超过设计水位大于1m，排水孔全部失效，边坡大范围变形	5.9	Ⅱ
45	15～17	弱、中膨胀土（岩）	挖深15～20m，换填水泥改性土和设置边坡排水系统的渠段	水位变幅超过设计水位0.3～1m，排水孔个别失效，边坡未见变形	2.9	Ⅰ
				水位变幅超过设计水位大于1m，排水孔全部失效，边坡大范围变形	6.1	Ⅱ
46	11～27	弱膨胀岩（土）	挖深20～30m，换填水泥改性土和设置边坡排水系统的渠段	水位变幅超过设计水位0.3～1m，排水孔个别失效，边坡未见变形	2.9	Ⅰ
				水位变幅超过设计水位大于1m，排水孔全部失效，边坡大范围变形	6.1	Ⅱ
47	5～10	中、强膨胀岩（土）	半挖半填和挖深小于15m，换填水泥改性土和设置边坡排水系统的渠段	水位变幅超过设计水位0.3～1m，排水孔个别失效，边坡未见变形	3.1	Ⅰ
				水位变幅超过设计水位大于1m，排水孔全部失效，边坡大范围变形	6.1	Ⅱ
48	7～13	饱和砂土液化。液化等级为中等	填方高度大于7m，采取挤密砂桩的渠段	边坡未见变形	0.9	Ⅰ
				边坡开裂、渗水和溃口	6.8	Ⅱ

续表

序号	开挖深度/m	不良地质条件	工程处理措施	计算条件	风险量值	风险等级
49	8～10	中砂，液化等级为中等	填方高度8～10m，采用夯扩桩处理的渠段	边坡未见变形	0.9	Ⅰ
				渠道边坡开裂、渗水、溃口	6.8	Ⅱ
50	3～5	弱膨胀土，局部高地下水，轻微湿陷性黄土状壤土	半挖半填和挖深小于15m，换填黏性土，设置边坡排水系统，对湿陷性黄土强夯处理的渠段	水位变幅超过设计水位0.3～1m，排水孔个别失效，边坡未见变形	2.9	Ⅰ
				水位变幅超过设计水位大于1m，排水孔全部失效，边坡大范围变形	5.9	Ⅱ
51	22～23	局部弱、中膨胀土，高地下水位	挖深20～30m，换填黏性土，设置边坡排水系统的渠段	水位变幅超过设计水位0.3～1m，排水孔个别失效，边坡未见变形	3	Ⅰ
				水位变幅超过设计水位大于1m，排水孔全部失效，边坡大范围变形	6.2	Ⅱ
52	10～15	强膨胀土，高地下水位	挖深小于15m，换填改性土和设置边坡排水系统的渠段	水位变幅超过设计水位0.3～1m，排水孔个别失效，边坡未见变形	3	Ⅰ
				水位变幅超过设计水位大于1m，排水孔全部失效，边坡大范围变形	6.2	Ⅱ
53	13～19	中等、强膨胀土，高地下水位	挖深15～20m，换填改性土，设置边坡排水系统的渠段。2016年7月19日强降雨导致桩号41+320～41+420约100m长右侧边坡滑坡，采取上部卸载、一级马道以上布置抗滑桩加固	水位变幅超过设计水位大于1m，排水孔全部失效，边坡发生大范围滑坡	10.8	Ⅲ
54	5～8	堤基轻微湿陷性黄土状壤土	填方高度小于8m，采取强夯和翻压处理的渠段	边坡未见变形	2	Ⅰ
				渠道边坡开裂、渗水、溃口	4.9	Ⅱ
55	3～12	高地下水位段，轻微湿陷性黄土状壤土	半挖半填和挖深小于15m，设置边坡排水系统和挖除湿陷性黄土状壤土的渠段	水位变幅超过设计水位0.3～1m，排水孔个别失效，边坡未见变形	2.8	Ⅰ
				水位变幅超过设计水位大于1m，排水孔全部失效，边坡大范围变形	6.1	Ⅱ
56	3～15	堤基轻微—中等湿陷性黄土状壤土	半挖半填，采取强夯处理的渠段	渠道边坡未见变形	2.1	Ⅰ
				渠道边坡产生裂缝，边坡大范围变形	5.9	Ⅱ
57	5～8	堤基轻微湿陷性黄土状壤土	填方5～8m，采取翻压处理的渠段	渠道边坡未见变形	2.1	Ⅰ
				渠道边坡出现开裂、溃口	5.8	Ⅱ
58	5～10	堤基轻微湿陷性黄土状壤土	半挖半填，采取强夯、挤密桩和翻压处理的渠段	渠道边坡未见变形	2.1	Ⅰ
				渠道边坡产生裂缝，边坡大范围变形	5.8	Ⅱ

续表

序号	开挖深度/m	不良地质条件	工程处理措施	计算条件	风险量值	风险等级
59	11～12	弱膨胀土，高地下水位	挖深小于15m，换填黏性土和设置边坡排水系统的渠段	水位变幅超过设计水位0.3～1m，排水孔个别失效，边坡未见变形	2.8	Ⅰ
				水位变幅超过设计水位大于1m，排水孔全部失效，边坡大范围变形	6	Ⅱ
60	15～35	弱膨胀土，高地下水位	挖深大于30m，换填黏性土和设置边坡排水系统的渠段	水位变幅超过设计水位0.3～1m，排水孔个别失效，边坡未见变形	2.9	Ⅰ
				水位变幅超过设计水位大于1m，排水孔全部失效，边坡大范围变形	6.1	Ⅱ
61	17～19	壤土和黏土，地下水位低于渠底	挖深15～20m，地下水位低于渠底的渠段	水位变幅超过设计水位0.3～1m，排水孔个别失效，边坡未见变形	2.8	Ⅰ
				水位变幅超过设计水位大于1m，排水孔全部失效，边坡大范围变形	6.2	Ⅱ
62	15～27	坚硬灰岩，高地下水位	挖深20～30m，设置边坡排水系统的渠段	施工期曾发生滑坡，但滑体清理不彻底，2016年9月初，左岸边坡上部开裂，其原因为施工过程中对原边坡存在顺坡向断层处理不彻底，导致断层上盘遗留部分发生位移，针对上述问题，采取挖除和回填混凝土处理	2.8	Ⅰ
				排水孔全部失效，边坡出现大范围变形	6.1	Ⅱ
63	15～34	上部黄土状壤土，下部强一弱风化砂岩。地下水位高于渠底	挖深大于30m，喷混凝土，设置边坡排水系统的渠段	水位变幅超过设计水位0.3～1m，排水孔个别失效，边坡未见变形	2.9	Ⅰ
				水位变幅超过设计水位大于1m，排水孔全部失效，边坡大范围变形	6.1	Ⅱ
64	6～17	中膨胀土	挖深15～20m，换填黏性土和设置边坡排水系统的渠段	2016年7月19—20日强降雨导致桩号164+632～164+892左侧边坡大范围滑坡，衬砌板隆起	9.8	Ⅲ
65	12～20	泥砾，未见地下水	挖深15～20m，未见地下水位的渠段	水位变幅超过设计水位0.3～1m，排水孔个别失效，边坡未见变形	2.8	Ⅰ
				水位变幅超过设计水位大于1m，排水孔全部失效，边坡大范围变形	6.2	Ⅱ
66	10～22	泥质灰岩、灰岩等，岩层走向与渠道轴线斜交，倾角21°～35°，未见地下水	挖深20～30m，喷混凝土，未见地下水位的岩石渠段	水位变幅超过设计水位0.3～1m，排水孔个别失效，边坡未见变形	3	Ⅰ
				水位变幅超过设计水位大于1m，排水孔全部失效，边坡大范围变形	6	Ⅱ
67	10～17	黄土状壤土。地下水位于渠底附近	挖深15～20m、地下水位低于渠底的渠段	2016年7月19日强降雨左侧二级马道出现5m长裂缝，下部衬砌板发生隆起，采用压重处理	6.2	Ⅱ

续表

序号	开挖深度/m	不良地质条件	工程处理措施	计算条件	风险量值	风险等级
68	8～18	上部为黄土状壤土，渠底为片麻岩。高地下水位	挖深15～20m，设置边坡排水系统的渠段	水位变幅超过设计水位0.3～1m，排水孔个别失效，边坡未见变形	2.8	Ⅰ
				水位变幅超过设计水位大于1m，排水孔全部失效，边坡大范围变形	6.2	Ⅱ
69	15～24	上部为黄土状壤土、碎石土，下部为灰岩。地下水位低于渠底	挖深20～30m，上部为黄土状壤土，下部为基岩，地下水位低于渠底的渠段	边坡未见变形	2.8	Ⅰ
				边坡出现大范围变形	6.1	Ⅱ
70	15～40	上部黄土状壤土、泥砾和碎石土，下部白云岩，无地下水	挖深20～30m，上部为黄土状壤土，下部为基岩，地下水位低于渠底的渠段	边坡未见变形	2.9	Ⅰ
				边坡出现大范围变形	6.1	Ⅱ
71	10～20	上部黄土状壤土、碎石土，下部为灰岩。地下水位在渠底以上	挖深15～20m，上部为土层，下部为岩体，基岩喷混凝土＋排水孔的渠段	边坡总体稳定，局部喷混凝土受冻融影响，存在脱空和开裂情况	2.8	Ⅰ
				边坡出现大范围变形	6.1	Ⅱ
72	20～25	表部黄土状壤土，下部为页岩、灰岩	挖深20～30m，上部为土层，下部为基岩，基岩喷混凝土＋排水孔的渠段	边坡稳定未见变形	2.8	Ⅰ
				边坡出现大范围变形	6.1	Ⅱ

6.4 不良地质渠段风险等级确定

根据上一节代表性渠段的风险指数计算结果与相应的风险等级，按照类比的原则，可以确定总干渠所有不良地质段的风险等级。限于篇幅，其结果不再赘述。

在确定各不良地质渠段的风险等级时，考虑了以下一些情况：

（1）根据南水北调工程近几年运行情况和个别渠段出现的问题，地下水位变化和边坡排水效果对工程运行风险的影响是比较突出的。特别是2016年7月河南、河北两次强降雨引起的渠道多处边坡滑坡、变形和衬砌板隆起开裂等情况，出现上述问题应该和地下水位超过设计值幅度超过设计容许值有关，同时也说明渠道个别部位存在排水不畅的问题。

（2）根据典型代表渠段的风险评价成果，在渠道未出现变形，即使地下水位超过设计值幅度达到0.3～1m的情况下，风险量值在3左右，属于可容许风险。当渠道边坡出现大范围变形，地下水位超过设计值幅度大于1m时，风险量值在6左右，属于一般风险。京石段经过近10年运行，总体运行情况良好，不良地质渠段主要是深挖方，未出现渠道边坡出现大的变形和滑坡情况，仅个别岩石渠段边坡喷混凝土受冻融影响存在开裂、脱落情况，对工程运行未产生不利影响，风险指数在3以下，属于可容许风险。

（3）从目前情况看，湿陷性黄土渠段、砂土液化渠段均未出现边坡变形和衬砌板隆起等问题。对于既是湿陷性黄土渠段或砂土液化渠段，又是深挖方或高地下水位渠段，渠道的风险等级由深挖方或高地下水位确定。煤矿采空区从变形监测资料看，采空区存在变形问题，变形值在20mm以内，属于设计容许范围内，渠道边坡未出现裂缝问题，总体运行情况良好。

（4）随着渠道的运行时间的延续，地下水排水孔还是存在堵塞问题，通过加强渠道边坡地下水位监测，对地下水位超过设计值幅度出现异常升高的渠段，及时采取措施进行相应的工程处理，保证工程正常运行。

（5）对于辉县管理处韭山桥深挖方和弱膨胀土组合渠段，2016年7月9日强降雨，导致左侧渠道大范围滑坡和下部50余块衬砌板发生较大位移情况，给工程运行带来较大风险，风险量值为10.8，风险等级为较大风险。虽然现场经过及时处理，基本消除工程险情，但最终工程处理方案还没有最终确定。综合该段的工程地质条件对此次产生的风险原因进行初步分析，该渠段属于多层结构，上部为较厚的黏土层，边坡中部分布厚度1.5～9m卵石层，下部为黏土层。施工开挖揭露卵石层未见地下水位，设计为防止渠道渗漏，边坡换填4.7m厚的黏土层进行渠道防渗。由于该渠道位于太行山东侧，强降雨导致卵石层饱和并承压，渠道防渗土层完全隔断卵石层向东的排泄通道，当卵石层承压水头达到一定高度时，在地下水内水压力作用下使防渗土层滑移、边坡滑坡和衬砌板大范围隆起和滑移。究其原因，还是设计条件与运行发生的实际情况出现较大偏差引起的。在后续的工程处理方案要充分考虑上述因素，避免类似情况再次发生。

第7章

风险防控措施

在风险评价的基础上，研究应对各种风险的应对措施，也就是进行风险决策。风险决策方法包括风险回避、风险控制、风险转移、风险自担、风险分散等。对已经建成的南水北调中线一期工程来说，其存在的风险已经无法采用风险回避、风险转移、风险自担及风险分散等方法，因此本章主要是在风险控制方面提出一些建议措施，以预防为主，也包括一旦风险出现后的应对措施。

根据南水北调中线一期工程不良地质渠段风险等级划分标准，不同风险等级需要采取不同的对策措施，其中Ⅰ级风险为低风险，属于可接受风险，要求予以关注，并维持正常的监测频次和日常巡视；Ⅱ级风险为一般风险，属于可容忍风险，要求采取监控，并加强监测和日常巡视，必要时需采取措施进行风险控制；Ⅲ级风险为较大风险，属于不可接受风险，要求采取措施，使风险等级降至可容忍或可接受的水平；Ⅳ级风险为重大风险，属于极高风险，要求采取紧急措施，减免风险，同时准备好应急预案，一旦发生险情，及时开展修复、补救等抢险措施。下面仅对各种不良地质渠段可能出现的风险事件提出风险防控措施。

7.1 膨胀岩（土）渠段风险防控措施

7.1.1 风险事件

膨胀岩（土）渠段产生的风险事件包括渠道边坡表部变形、开裂和滑坡，衬砌板隆起、开裂等。从邓州管理处钻孔测斜资料分析，深挖方渠段出现变形的部位监测资料显示，变形发生的深度在2m以内，变形引起边坡混凝土框格梁发生开裂。这也和膨胀土表部受地表降水引起的膨胀土由于土层含水量变化引起的膨胀土胀缩有关。对于膨胀土滑坡，主要和边坡地下水位超过设计值幅度有关。如2016年7月河南、河北强降雨导致个别渠段产生滑坡，滑坡基本沿换填面产生。强降雨导致边坡土体饱和，抗剪强度降低有关。衬砌板隆起和开裂主要是边坡局部排水不畅，导致局部地下水位超过设计容许值引起的。

7.1.2 主要风险因子

膨胀岩（土）渠段采取的工程处理措施包括换填水泥改性土、边坡布置抗滑桩和设置边坡排水系统。从目前运行和工程验收资料表明，工程质量满足设计要求。对于土质边坡，随着工程运行排水孔存在堵塞风险，这也在个别出现渠段衬砌板隆起和开裂现象得到印证。导致膨胀岩（土）渠段风险事件产生的主要风险因子包括边坡变形、地下水位超过设计值幅度和排水孔排水效果。边坡变形是膨胀岩（土）渠段运行风险的直观反映，地下水位超过设计值幅度和边坡稳定密切相关，排水孔排水效果是控制地下水位和衬砌板变形的有效措施。

7.1.3 防控措施

针对膨胀岩（土）渠段的风险事件和主要风险因子，建议采取下列防控措施：

（1）加强边坡变形监测，及时分析整理监测资料。对出现边坡变形的区段，分析产生原因和变形趋势，针对不同的变形形式，分别采取不同的工程处理措施。对于边坡出现的裂缝，建议及时采取封堵措施，避免地表水入渗加剧边坡变形。对于浅表部变形，如果正常运行没有受到影响下，可采取加强监测措施，视变形发展情况，决定是否采取工程处理措施。对于浅层边坡塌滑，应对滑塌体进行清理，回填非膨胀材料恢复边坡原貌。对于规模较大的滑坡体，加强监测工作，必要时补充勘探工作，确定滑动面位置，及时采取削坡减载、加强边坡排水和补充布置抗滑桩等手段。

（2）控制地下水位超过设计值幅度是保证渠道边坡稳定的重要措施。加强地下水位监测，对地下水位超过设计值幅度超过设计容许值的渠段，要查找原因，及时采取降低地下水位的有效措施。采取措施包括补打排水孔，检查边坡排水沟和挡洪设施，避免地表水入渠导致边坡地下水位异常升高。

（3）边坡排水系统是控制地下水位在设计容许值之内的关键措施。及时检查排水孔的排水效果，特别是存在衬砌板隆起、开裂问题的渠段，应作为检查的重点。对排水孔存在堵塞问题的渠段，应采取补打排水孔和降低地下水位的措施。

7.2 湿陷性黄土渠段风险防控措施

7.2.1 风险事件

对于填方渠道，可能产生的风险事件包括地基湿陷变形导致渠道整体下沉、开裂，防渗设施开裂漏水，严重的可导致边坡滑坡和渠道溃口等问题。对于挖方渠道，可能产生的风险事件包括渠道边坡开裂、滑坡和衬砌板隆起、开裂的问题。

7.2.2 主要风险因子

湿陷性黄土渠道采取的工程处理措施包括强夯、挤密桩和换填等措施。对于填方渠道，渠道防渗效果是防止渠基湿陷变形的关键因素。对于挖方渠道，控制边坡地下水位不超过设计值幅度和确保边坡排水效果是保障边坡稳定的重要因素。因此，对于湿陷性黄土渠道，填方渠道防渗效果、挖方渠道地下水位超过设计值幅度和排水设施有效性是湿陷性黄土渠道的重要风险因子。对于既是湿陷性黄土渠道，又是膨胀土、深挖方和高地下水位渠道，存在的风险因子除湿陷性黄土风险因子外，还包括其他不良地质条件存在的风险因子。

7.2.3 防控措施

湿陷性黄土渠道风险事件防控措施包括：

（1）加强渠道边坡的变形监测工作。对出现变形异常的渠道，应分析原因，制定相应的工程处理措施。对于填方渠道，一旦出现衬砌板开裂渗水情况，应及时采取封堵措施。对于挖方渠道，当出现边坡变形时，应根据变形类型，对裂缝、滑坡分别采取封堵裂缝，对滑坡体采取卸载和抗滑桩加固等措施。

（2）对于挖方渠道，应加强边坡地下水位监测，分析地下水位超过设计值幅度是否超过设计容许值。当地下水位超过设计值幅度超过容许值时，应及时采取降低地下水位的措施。

（3）经常检查挖方渠道的排水效果。当局部存在衬砌板隆起、开裂现象时，检查排水孔的排水效果，必要时补打地下水位监测孔。

7.3　砂土液化渠段风险防控措施

7.3.1　风险事件

南水北调中线工程地震设防按50年超越概率10%场地地震动峰值加速度进行砂土液化评价和工程处理。处理措施包括强夯、挤密桩和换填等，处理效果满足工程设计要求。因此即使发生地震，只要对渠道的影响烈度不超过本区的地震设防烈度，处理后的砂土液化渠段工程运行是安全的。只有在发生超过本区的设防烈度的地震，才可能产生工程运行风险。砂土液化渠段的主要风险事件是地震液化沉陷导致渠道边坡变形和渠基沉陷。对于填方渠道可能导致渠道开裂、漏水，严重时可能产生溃口风险。对于挖方渠道，主要风险是渠道边坡失稳破坏，严重的破坏可能堵塞渠道，影响工程正常运行。

7.3.2　主要风险因子

存在砂土液化的渠段已按本区地震基本烈度进行抗震设计和工程处理，砂土液化渠段渠道运行也未出现过工程问题。砂土液化渠段风险事件的主要因子是本区发生超过本区地震基本烈度的地震的概率。

7.3.3　防控措施

根据目前已颁布的《中国地震动参数区划图》（GB 18306—2015），南水北调中线工程范围内未出现地震基本烈度超过设计烈度的区域。即使发生超过本区设计烈度的地震，由于前期对存在液化的渠段已进行工程处理，处理后砂土密度已得到提高，发生液化的可能性大大降低。对于既是砂土液化渠段，同时又是深挖方、高地下水位渠段，其风险主要受深挖方和高地下水位渠段的风险因素控制，可参照相应渠段的防控措施进行处理。

7.4　高地下水位渠段风险防控措施

7.4.1　风险事件

高地下水位渠段的主要风险事件是地下水位超过设计值幅度、渠道排水设施的运行效果和外水入渠引起的边坡冲刷、滑坡及衬砌板隆起、开裂。这些工程运行的风险在2016年7月河南、河北强降雨导致个别渠道发生裂缝、滑坡和衬砌板隆起、开裂等风险事件。

7.4.2 主要风险因子

地下水是控制边坡稳定条件的重要因素。由于地下水的存在，一方面使边坡岩土体饱和，力学强度降低，引起边坡失稳；另一方面孔隙水压力升高，引起渠道衬砌板隆起、开裂。可见，对于高地下水位渠段，控制地下水位不超过设计允许值至关重要。因此，高地下水位渠道的主要风险因子是地下水位超过设计值幅度、排水设施的运行效果、外水入渠对渠道边坡冲刷和外水入渗导致边坡土体饱和等。对于同时存在膨胀土和深挖方问题的渠段，也应考虑膨胀土和深挖方的风险因子。

7.4.3 防控措施

根据高地下水位渠段可能出现的风险事件和引起风险事件的主要风险因子，制定相应的防控措施。

（1）加强地下水位监测工作。对地下水位超过设计值幅度大于设计容许值的渠段，应分析原因，制定相应的工程处理措施。对于由于地表水入渗引起的地下水位上升，应对地表水采取导排措施。由于排水孔堵塞引起的地下水位上升，可在边坡采取补打排水孔，必要时补打排水井并采取强排措施。

（2）加强边坡变形监测工作。对于边坡出现的裂缝，及时采取封堵措施，避免地表水入渗进一步抬高地下水位，加大边坡变形风险。对于已出现的边坡塌滑和规模较大的滑坡，应加密工程观测频次，分析变形趋势，采取减载、清理变形体等措施，必要时采取抗滑桩加固。对已产生变形的衬砌板采取压重措施。

（3）对布置在水下衬砌板上的排水孔，是检查及正常维护都存在一定难度。建议管理单位开展相关研究，研究制定水下排水孔检修维护的措施。

（4）对于膨胀土、深挖方和高地下水位组合渠段，也应参照膨胀土和深挖方的相关的风险防控措施。

7.5 煤矿采空区渠段风险防控措施

7.5.1 风险事件

煤矿采空区渠段仅分布在禹州管理处。煤矿采空区在前期选线过程中，已基本避开新近形成的采空区。目前经过的煤矿采空区，虽然塌陷变形还没有完全停止，但变形速率低、变形幅度小。据南水北调中线煤矿采空区段的监测资料，累计地面变形值在20mm以内，符合设计要求。无论填方渠道，还是挖方渠道，渠道边坡均未见变形迹象。从影响工程运行较大风险分析，渠道风险事件主要是采空区地面下沉引起的渠道变形和衬砌板损坏。对于填方渠道，采空区变形超过设计容许值时可导致边坡下沉、开裂和防渗措施漏水，严重的可能导致渠道溃口和供水中断，给当地人民生命财产造成重大损失。对于挖方渠道，沉陷变形可能导致渠道边坡变形失稳甚至滑坡，对供水安全造成较大威胁。

7.5.2 主要风险因子

渠道位于煤矿采空区的位置对渠道运行的影响非常重要。位于采空区上方的渠道受塌陷变形影响最为直接，塌陷变形可导致渠道下沉开裂和衬砌板变形。当渠道位于采空塌陷影响区和塌陷影响区以外时，采空区对渠道运行的影响较位于采空塌陷区要小一些。煤矿采空区的现状稳定情况是影响渠道运行风险的关键因素。综合归纳，煤矿采空区的主要风险因子是渠道位于采空区的位置、采空塌陷区的稳定情况。

7.5.3 防控措施

（1）加强地面塌陷变形监测工作。已有监测资料表明，目前煤矿采空塌陷区存在沉降变形情况。虽然变形范围在设计容许范围内，但毕竟工程运行时间较短，因此要加强变形监测工作，及时分析整理监测资料，包括渠道是否出现裂缝等情况。一旦发现异常情况，应分析原因并采取工程处理措施。

（2）加强地下水位监测工作。在煤矿采空塌陷区渠段内，同时也分布有深挖方渠段。对于深挖方渠段，地下水位超过设计值幅度对渠道边坡变形和衬砌板稳定的影响非常明显。如果地下水位超过设计容许值，可能引起边坡失稳和衬砌板隆起、开裂等问题。加强地下水位监测工作，及时整理监测资料，对地下水位出现异常的渠道，分析原因，及时采取措施，消除可能给工程影响带来的风险。

（3）对布置在水下衬砌板上的排水孔，检查及正常维护都存在一定难度，建议管理单位开展相关研究，研究制定水下排水孔的检修维护的措施。

7.6 深挖方渠段风险防控措施

7.6.1 风险事件

深挖方渠段可能产生的风险事件包括：渠道边坡变形、开裂，滑坡，衬砌板隆起、开裂等。对工程运行的影响包括对供水安全产生一定影响，当发生大规模滑坡时，可能导致供水中断。

7.6.2 主要风险因子

产生深挖方渠段的风险因子包括：渠段边坡开挖深度、岩土体的结构特性、边坡稳定情况、地下水位超过设计值幅度和排水设施有效性。考虑到边坡开挖深度和岩土体结构特性在前期工程设计已采取相应的工程处理措施，把边坡稳定情况、地下水位超过设计值幅度和排水设施有效性作为深挖方渠段的主要因子。

7.6.3 防控措施

（1）加强边坡变形监测工作。变形监测包括边坡表部变形和深部变形，对已存在边坡开裂、浅层滑坡的渠段，应分析原因，并加强监测频次，及时分析整理监测资料，分析预测变形发展趋势，对影响工程运行的风险，及时采取工程处理措施。

（2）加强地下水位监测工作。地下水是导致边坡变形和衬砌板隆起、开裂的主要因素之一。地下水位超过设计值幅度大于设计容许值时可导致边坡出现变形和衬砌板隆起、开裂情况。加强地下水位超过设计值幅度监测，对地下水位超过设计值幅度超过设计容许值的渠道，应及时分析原因，制定相应对策，把地下水位超过设计值幅度控制在设计容许范围内。

（3）加强排水设施有效性检查。布置在水下衬砌板上的排水孔，检查及正常维护都存在一定难度。建议管理单位开展相关研究，研究制定水下排水孔的检修维护的措施。

（4）加强地表水疏导，避免地表水入渠对边坡的冲刷破坏和外水入渗引起地下水位异常升高对边坡稳定和衬砌板变形带来不利影响。

参考文献

[1] 南水北调中线一期工程安全风险评估项目：不良地质渠段风险评估专题报告 [R]. 水利部水利水电规划设计总院，2018.

[2] 南水北调中线一期工程安全风险评估项目：安全风险评估总报告 [R]. 水利部水利水电规划设计总院，2018.

[3] 南水北调中线一期工程安全风险评估项目：风险因子识别与风险等级划分研究报告 [R]. 水利部水利水电规划设计总院，2018.

[4] 中国国家标准化管理委员会. 风险管理 术语：GB/T 23694—2009 [S]. 北京：中国标准出版社，2009.

[5] 中国国家标准化管理委员会. 风险管理 风险评估技术：GB/T 27921—2011 [S]. 北京：中国标准出版社，2012.

[6] 刘恒，耿雷华，等. 南水北调运行风险管理关键技术问题研究 [M]. 北京：科学出版社，2011.

[7] 马文·拉桑德（Marvin Rausand）著，风险评估理论、方法与应用 [M]. 刘一骝，译. 北京：清华大学出版社，2013.

[8] 张曾莲. 风险评估方法 [M]. 北京：机械工业出版社，2017.

[9] 余建星. 工程风险评估与控制 [M]. 北京：中国建筑工业出版社，2009.

[10] John H. Risk as an Economic Factor [J]. The Quarterly Journal of Economics，1985（4）：4.

[11] 姚全. 不确定性环境背景下英国国家安全战略选择——2015年英国《国家安全战略和战略防务与安全评估》报告评析 [J]. 江南社会学院学报，2017（3）：20-26.

[12] 交通运输部安全与质量监督管理司组织编写. 高速公路路堑高边坡工程施工安全风险评估指南（试行）[Z]. 北京：人民交通出版社，2015.

[13] 水利水电工程地质勘察规范：GB 50487—2008 [S]. 北京：中国计划出版社，2008.

[14] 水力发电工程地质勘察规范：GB 50287—2016 [S]. 北京：中国计划出版社，2016.

[15] 堤防工程安全评价导则：SL/Z 679—2015 [S]. 北京：中国水利水电出版社，2015.

[16] 水库大坝安全评价导则：SL 258—2017 [S]. 北京：中国水利水电出版社，2017.

[17] 国家安全生产监督管理总局. 煤矿安全规程 [M]. 北京：煤炭工业出版社，2011.

[18] 国家铁路局. 复杂地质条件下铁路建设安全风险防范若干措施 [EB/OL] http：//www.nra.gov.cn/jgzf/flfg/gfxwj/bm/gc/201712/t20171205_48478.shtml. 2017.12

[19] 中国地震局政策法规司. 地震安全性评价管理条例（2019年修正本）[EB/OL]. https：//www.cea.gov.cn/cea/zwgk/zcfg/369260/5464800/index.html. 2019.

[20] 许树柏. 层次分析法原理 [M]. 天津：天津大学出版社，1998.

[21] 赵焕臣，许树柏，和金生. 层次分析法——一种简易的新决策方法 [M]. 北京：科学出版社，1986.

[22] HUDSON J A. Rock mechanics principle in engineering practice [M]. CIRIA Ground Engineering Report：Underground Construction，1989.

[23] HUDSON J A. Rock Engineering Systems：Theory & Practice [M]. Ellis Horwood，1992.

[24] HUDSON J A，HARRISON J P. A new approach to studying complete rock engineering problems [J]. Quarterly Journal of Engineering Geology. 1992（25）：93-105.

[25] MAZZOCCOLA，D F，HUDSON J A. A comprehensive method of rockmass characterizat ion for indi-

cating natural slope instability [J]. Quarterly Journal of Engineering Geology. 1996 (29): 37-56.

[26] 尚彦军. 关于边坡工程的信息分析方法及综合方法系统的研究 [D]. 北京: 中国科学院地质研究所, 1997.

[27] 杨志法, 张路青, 尚彦军, 等. 边坡工程加固需求度评价及其应用 [J]. 工程地质学报, 2004 (1): 12-20.

[28] 张晓晖, 王辉, 戴福初, 等. 基于关系矩阵和模糊集合的斜坡稳定性综合评价 [J]. 岩石力学与工程学报, 2000 (3): 346-351.

[29] 丁继新, 周圣华, 陈梦熊, 等. 基于多因素相互作用关系矩阵的边坡稳定性定量评价 [J]. 工程勘察, 2006 (7): 5-8.

[30] 李坤, 尚彦军, 蒋毅, 何万通, 林达明, 常金源, 陈延伟. 基于改进多因素相互作用关系矩阵的场址评价——以 CSNS 工程选址为例 [J]. 岩土力学, 2016, 37 (S1): 400-408.

[31] KUN LI, YANJUN SHANG, WANTONG HE, et al. An engineering site suitability index (ESSI) for the evaluation of geological situations based on a multi-factor interaction matrix [J]. Bulletin of Engineering Geology & the Environment, 2019, 78: 569-577.

[32] 陆添超, 康凯. 熵值法和层次分析法在权重确定中的应用 [J]. 电脑编程技巧与维护, 2009 (22): 19—20, 53.

[33] 郭显光. 熵值法及其在综合评价中的应用 [J]. 财贸研究, 1994 (6): 56-60.

[34] 苏为华. 多指标综合评价理论与方法问题研究 [D]. 厦门: 厦门大学, 2000.

[35] 孙建平, 李胜. 蒙特卡洛模拟在城市基础设施项目风险评估中的应用 [J]. 上海经济研究, 2005 (2): 90-96.

[36] 吴立寰. 工程项目风险分析中的蒙特卡洛模拟 [J]. 广东工业大学学报, 2004 (2): 68-72.